穴盘育苗

营养块育苗播种

营养块育苗播后覆土

嫁接砧木组合

南瓜砧木苗

甜瓜靠接苗

甜瓜贴接苗

甜瓜劈接苗

小拱棚甜瓜栽培

地膜加小拱棚甜瓜栽培（覆膜前）

地膜加小拱棚甜瓜栽培（覆膜后）

甜瓜塑料大棚多层覆盖栽培

大棚薄皮甜瓜爬地栽培

大棚薄皮甜瓜吊蔓栽培

大棚厚皮甜瓜吊蔓栽培

甜瓜用坐瓜灵喷花

甜瓜果实套袋（塑料袋）

甜瓜果实套袋（纸袋）

甜瓜化瓜

甜瓜裂果

甜瓜蔓枯病病叶

甜瓜蔓枯病茎蔓

甜瓜霜霉病病叶

甜瓜白粉病病叶

4

农民与农技人员知识更新培训丛书

甜瓜
优质高效生产技术

主　编

刘海河　郭金英

副主编

李景锁　王玉红

编著者

张彦萍　朱立保　王　正

车寒梅　王　芳　王彦敏

金盾出版社

内容提要

为了响应农业部启动的基层农技人员知识更新培训计划，金盾出版社与河北农业大学、江西省农业科学院等单位共同策划，约请数百名理论基础扎实、实践经验丰富的农业专家、学者参加，组织编写了农民与农技人员知识更新培训丛书，这套丛书包括粮棉油、蔬菜、果树、畜牧、兽医、水产、农机、农经等方面。这套丛书的出版，对于推广农业新技术，提高农民和农技人员生产技能和管理水平，将起到积极的推动作用。

本书是这套丛书的一个分册，由河北农业大学、河北工程大学和生产一线农技人员编写。内容包括：概述，甜瓜类型及优良品种，甜瓜育苗技术，薄皮甜瓜优质高效栽培技术，厚皮甜瓜优质高效栽培技术，甜瓜优质高效栽培新技术，甜瓜病虫害诊断及防治技术等。全书语言简洁，通俗易懂，内容丰富，技术先进，可操作性强，适合广大菜农、基层农业技术人员和农业院校有关专业师生阅读参考。

图书在版编目(CIP)数据

甜瓜优质高效生产技术/刘海河，郭金英主编 . — 北京 ：金盾出版社，2015.7

（农民与农技人员知识更新培训丛书）

ISBN 978-7-5186-0109-7

Ⅰ.①甜… Ⅱ.①刘…②郭… Ⅲ.①甜瓜—瓜果园艺 Ⅳ.①S652

中国版本图书馆 CIP 数据核字（2015）第 042022 号

金盾出版社出版、总发行

北京太平路 5 号（地铁万寿路站往南）

邮政编码：100036 电话：68214039 83219215

传真：68276683 网址：www.jdcbs.cn

北京四环科技印刷厂印刷、装订

各地新华书店经销

开本：850×1168 1/32 印张：5.375 彩页：4 字数：124 千字

2015 年 7 月第 1 版第 1 次印刷

印数：1～5 000 册 定价：16.00 元

（凡购买金盾出版社的图书，如有缺页、倒页、脱页者，本社发行部负责调换）

农民与农技人员知识更新培训丛书

编委会

主　任

谷子林　　周宏宇

委　员

（按姓氏笔画排列）

乌日娜　　孙　悦　　任士福　　刘月琴

刘秀娟　　刘海河　　李建国　　纪朋涛

齐遵利　　宋心仿　　张　琳　　赵雄伟

曹玉凤　　黄明双　　甄文超　　藏素敏

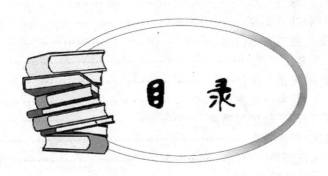

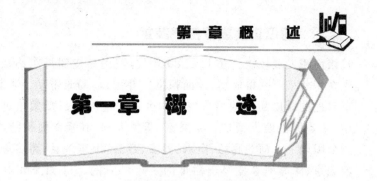

第一章 概 述

一、我国甜瓜栽培区域的划分

我国栽培的甜瓜种类丰富,品种繁多,传统的生产方式以露地栽培为主,不同地区栽培类型和品种差异很大。根据栽培地区、生长环境以及品种特征特性的不同,可以分为薄皮甜瓜和厚皮甜瓜两大生态产区。我国东部地区从南到北以种植薄皮甜瓜为主,其中栽培面积较大的产区是华北地区、东北地区和长江中下游地区,华南地区栽培面积较少,西南地区则更少。西北地区则是传统的厚皮甜瓜产区,新疆的哈密瓜、甘肃的白兰瓜享誉海内外,是我国出口创汇的名牌果品。从20世纪80年代开始,随着设施栽培的发展,厚皮甜瓜保护地栽培区域发生了很大的变化,面积迅速扩大,打破了露地栽培时期的生态分布格局,形成了甜瓜栽培的新分布格局。根据目前各地甜瓜的实际发展情况,我国的甜瓜栽培分布地域大致分为以下6个栽培区。

(一)华北栽培区

本区包括内蒙古高原以南,秦岭淮河以北,黄河河套以东的冀、鲁、晋、陕及苏北、皖北地区。该区属温带大陆性季风气候。冬春和初夏少雨干旱,日照充足,温暖,昼夜温差大。年雨量500~600毫米,7月上旬进入雨季。本区的生态条件适合甜瓜生长发育,产量高、品质好,自古以来就是我国薄皮甜瓜栽培的主产区,但多以露地栽培和中小拱棚栽培为主,近年来,大棚和温室薄皮甜瓜栽培面积发展较快。20 世纪 80 年代,我国厚皮甜瓜东移栽培首先在华北平原获得成功,大面积推广并出口,同时带动了东北、华东等地的厚皮甜瓜栽培。现在本区保护地厚皮甜瓜栽培迅速发展,主要保护地类型是日光温室、塑料大棚,其栽培面积已达 1.5万公顷以上。河北廊坊、衡水、固安、献县,山东莘县、潍坊等地已成为京、津等地春夏厚皮甜瓜的主要供应地。11 月下旬开始育苗,翌年 3 月上旬至 12 月随时都有鲜瓜收获上市。本区全年都可以进行保护地厚皮甜瓜生产,但以冬春茬的品质、产量、效益最高。高温多雨的 7~8 月份应注意防病。由于有利的气候条件和地理位置,本区已成为我国最重要的保护地厚皮甜瓜产区。薄皮甜瓜品种以各地的地方优良品种为主,厚皮甜瓜品种以早熟光皮类为主。

(二)东北栽培区

包括辽宁、吉林、黑龙江和内蒙古草原大部分地区。本区属温带半干旱气候,东北平原较湿润,年雨量 400~600 毫米,多集中在7~8 月份,无霜期短,夏季仅 1~2 个月时间。基本特点与华北地区相似,是我国薄皮甜瓜主产区之一,多以露地栽培为主,局部地区发展了一些保护地栽培。近些年,保护地厚皮甜瓜发展较快,在辽南和长春、哈尔滨等大中城市附近栽培较多。但因积温较低,冬春严寒,温室生产能耗较高,且对保护地的采光、增温、保温及防寒设施要求较高。厚皮甜瓜成熟晚,生长期、采收期较长,以栽培优质、高产品种效益较好。

(三)长江中下游栽培区

本区主要包括江苏、安徽、上海、浙江、江西、湖北、湖南等地。本区年雨量 1 000~1 500 毫米,且有 5 月下旬至 6 月下旬的"梅雨期"。日照百分率显著低于华北地区,属亚热带湿润气候。自古以来,薄皮甜瓜在本区有相当面积。目前,保护地厚皮甜瓜栽培的主要地区有上海南汇、南京、安徽、浙江和武汉等地。厚皮甜瓜栽培的保护地类型主要有大棚(镀锌薄壁钢管装配大棚和木结构大棚)和小拱棚。本区各地多在1月下旬至2月上旬育苗,2月下旬至3月上旬定植,4月下旬至6月份收获。为了克服前期阴雨寒流等低温天气的不良影响,多采用电热温床或酿热温床育苗,定植后采用多层覆盖等措施。无论大棚或小棚的塑料薄膜都要从种到收一盖到底,整个生长期间不撤膜,前期增温保温,后期防雨。大棚、小棚内都要求高畦栽培,大棚内整个地面须全面覆盖以降低空气湿度。本区虽然地处华北以南,但由于气候原因,保护地厚皮甜瓜的成熟期普遍晚于华北,而且品质不如华北的产品。厚皮甜瓜保护地栽培须注意选择适宜的季节和品种,栽培中采用防雨、降低空气湿度、增加采光、防除病害等措施。

(四)华南栽培区

包括广东、广西、福建、海南、台湾等地。本区属亚热带和热带气候,全年温暖多雨,夏季很长,没有冬天,年降雨量1 100～2 900毫米。该区多雨,湿度大,昼夜温差小,日照少,是薄皮甜瓜产区。因6～7月份多雨炎热,8～9月份多有台风,保护地厚皮甜瓜栽培以旱季栽培,冬种(1～3月份种)春收(4～6月份收)或秋种(9～10月份种)冬春收(10～12月份收)为安全、优质,特别以春茬,春季至春末夏初采收这一茬厚皮甜瓜品质最好,产量最高。珠江三角洲、海南和台湾都有较大发展。20世纪90年代开始发展起来的温室大棚甜瓜中早熟优质品种的无土栽培发展较快,经济效益很高,为本区新兴的精品甜瓜亮点。近年来,海南南部逐步推广成本较低的简易大棚甜瓜无土栽培生产,已取得较好的经济效益。

(五)西北栽培区

包括黄河河套以西的新疆、甘肃、宁夏、青海和内蒙古的部分地区。本区是典型的大陆性气候,干旱少雨,空气干燥,日照充足,昼夜温差大,年降雨量多在 200 毫米左右,空气相对湿度多低于 50％,日照率高达 60％～80％,昼夜温差可达 15℃甚至 20℃以上。具有厚皮甜瓜生长发育得天独厚的优越条件,是我国厚皮甜瓜的传统主产区,素以优质高产著称。本区的厚皮甜瓜栽培历来以露地直播为主,近年日光温室、大棚、小棚保护栽培有一定面积。由于本区春季多大风天气,且冬季严寒,春天温度回升慢,因此对早熟栽培不利。该区薄皮甜瓜种植很少。新疆全区为一部分生产中晚熟的哈密瓜品种,间有少量早熟品种黄旦子;其他地区为一部分生产早熟和中早熟品种,如玉金香、河套蜜瓜(铁旦子)、黄河蜜、白兰瓜等。

(六)西南栽培区

包括四川、云南、贵州三省。由于本区有多阴雨、多雾、少晴天的气候特点,因此不适于发展保护地厚皮甜瓜生产。本区的个别地区(如云南元谋、四川攀枝花、西昌等)冬季温暖、干旱、多日照,具有发展保护地厚皮甜瓜生产的小气候条件。此外,在我国青藏高原海拔 2 000 米以上的地区,气候寒冷,有冬无夏,不能露地栽培甜瓜。近年有利用温室、塑料大棚试种甜瓜的报道。

二、我国甜瓜生产现状及发展方向

(一)生产现状

我国传统的薄皮甜瓜和新疆哈密瓜、白兰瓜等厚皮甜瓜均是露地栽培。由于哈密瓜、白兰瓜等厚皮甜瓜要求光照充足、天气干燥、昼夜温差大的环境条件,厚皮甜瓜在我国东部地区过去极少栽培。20 世纪 50 年代我国台湾省从美国、日本引进的厚皮甜瓜品种,通过 20 余年的定向育种和栽培驯化,获得了一些比较适应湿润气候、含糖量高、香味浓、品质佳、商品性好的厚皮甜瓜新品种,并投入商品生产,取得了较高的经济和社会效益。20 世纪 80 年代初,为满足消费者对当地产新鲜厚皮甜瓜的需求,我国开展了厚皮甜瓜东移技术研究。80 年代中期,农业部设立了甜瓜引进研究项目,引种并推广日本伊丽莎白等厚皮甜瓜品种及配套设施栽培技术,使我国甜瓜设施栽培发展到新的阶段。90 年代中期以来,我国厚皮甜瓜设施栽培进入全面发展阶段,同时栽培品种除伊丽莎白外,还引进了西薄洛托、状元和蜜世界等品种,国内选育的新品种也开始在生产中推广。除河北廊坊、河南扶沟、上海南汇等老产区以外,还形成了山东莘县、昌乐、潍坊寒亭区,河北衡水、保定、沧州,江苏东台、盐城,浙江嘉兴,广东东莞、肇庆、中山,黑龙江大庆等一批新的生产基地。在生产上还推广了伊丽莎白、西薄洛托、金雪莲、绿宝石、郑甜号、维多利亚、迎春、玉金香、京玉、西域号等一批栽培面积较大的优良品种。近些年,我国北方地区借鉴厚皮甜瓜设施栽培经验,实现了日光温室和塑料大棚薄皮甜瓜吊蔓设施栽培,并取得了显著的经济效益。

我国甜瓜设施栽培面积最大为华北地区,集中在山东、河北、河南等省,在 5 万公顷以上。其次是长江中下游地区,主要以大棚和小拱棚前期保温、后期避雨为主,约有 1.5 万公顷,其中上海市 5 000 公顷以上。华南珠江三角洲地区在 1 000 公顷以上,设施条件先进,管理水平较高,多为无土栽培模式。尽管前期成本较大,但因其临近港澳,市场发达,经济效益较好。主要产区有东莞、深圳、珠海、肇庆、中山等市。西北地区是我国甜瓜的老产区,日照充足,有利于设施栽培,但受经济发展水平等制约,目前设施栽培面积在 1 000 公顷左右。山东、河北等省作为我国甜瓜设施栽培的主产区,20 世纪 90 年代以来面积迅速增加,2000 年约为 5 万公顷,占全国甜瓜设施生产总面积的 70％左右,在甜瓜设施栽培生产和市场上占有重要地位。其中,厚皮甜瓜占该区日光温室甜瓜生产总面积的 80％以上,约占大棚总面积的 50％,小棚很少。

国内甜瓜流通市场已实现周年供应。每年6～8月份是各地露地甜瓜的上市高峰期,其中,长江中下游地区的薄皮甜瓜于6月份即可上市,随即华北地区和东北地区的薄皮甜瓜于6～7月份和7～8月份陆续上市。虽然华南地区的薄皮甜瓜于5月份即可上市,但它的商品量很少。西北地区露地栽培的厚皮甜瓜先后于7～8月份陆续上市,而低洼暖热的吐鲁番盆地生产的哈密瓜特别早熟,6月份即可上市。内蒙古的河套蜜瓜成熟也比较早,北京市7月份就有供应。甘肃的白兰瓜、玉金香、黄河蜜等在7～8月份大量采收外运。8月份是哈密瓜的收获盛期,由于其耐贮运性强,尤其是晚熟冬甜瓜品种,一般在室温下也能存放数月,因此它的上市供应期可以一直延续至翌年元旦和春节。华北地区和长江中下游地区保护地栽培的早熟厚皮甜瓜类型,5月份即可大量成熟,早的可提前至4月份成熟,个别瓜农采取特早熟栽培措施后,甚至在3月下旬就可以开始少量采收上市以获取高价。这批甜瓜商品的上市,为填补4～5月份大路鲜果短缺的淡季发挥了积极作用。东北地区的大棚薄皮甜瓜在5～6月份成熟上市。海南南部冬春茬哈密瓜和珠江三角洲地区的秋茬哈密瓜温室无土栽培的产品,可供应附近城市和港澳市场。

(二)发展方向

1. 改良品种　近些年,我国引进和培育了一大批不同类型的甜瓜品种,促进了我国甜瓜生产的快速发展。但当前甜瓜生产品种存在多、杂、乱的现象,真正名副其实的外观美、含糖量高、口感好、品质优的品种不多,品种花色也不丰富,同类模仿重复的品种比较盛行,而独创性的特色品种很少;同时,也缺乏适于不同地区不同栽培方式的专用品种、抗病品种等。另外,在薄皮甜瓜品种选育上重视力度不够,造成生产上缺乏抗病、耐贮运、优质高产的品种。随着市场经济的发展和科学技术的进步,我国的甜瓜品种正向优质化、多样化、专用化、抗病性强等方向逐步发展,因此有待于各科研育种单位大力加强新品种的选育工作。通过引进、协作等措施,尽快选育出适合我国各地设施生产条件的专用优良品种,重点是推广耐低温弱光、抗逆性好、坐果性好、具有良好外观的优质新品种。在不断推出新品种的过程中,通过专利申请、品种登录、注册专有权等工作,保护育种家的合法权益。同时,建议有关管理部门进一步规范种子市场,制止伪劣种子的流通和少数进口种子经营中的暴利现象,以利于甜瓜设施栽培在农业结构调整中的进一步发展。

2. 调整种植模式　目前,在甜瓜生产上存在重设施栽培轻露地栽培以及保护地栽培中重大棚轻中小棚等倾向,造成局部地区厚皮甜瓜保护地生产面积过大,上市集中,效益下降,影响了瓜农的生产积极性。针对这些问题,我国甜瓜生产可以借鉴美国的生态型现代化生产模式和日本的集约型现代化生产模式,根据市场需求和自然各地生产条件,利用多种栽培方式发展甜瓜生产。哈密瓜在国内外市场上占有明显优势,新疆的生态条件又十分优越。因此,随着经济的发展、交通运输条件的改进以及贮藏保鲜技术的提高,新疆哈密瓜的露地栽培应予以大力发展,以充分发挥其区域比较优势。甘肃、宁夏、内蒙古等地的中早熟厚皮甜瓜的露地栽培和小拱棚栽培面积,应掌握稳中有升的原则逐步发展。东部地区薄皮甜瓜露地栽培面积应掌握稳中有降的原则,保护地栽培面积可适度发展。厚皮甜瓜保护地栽培面积不宜盲目扩大,但在品种和栽培方式上可以适当调整,光皮早熟型厚皮甜瓜的小拱棚栽培方式的比例应该增加,日光温室和大棚栽培的厚皮甜瓜高档品种应该逐步扩大,并注意甜瓜与草莓等品种的间套作。海南南部、珠江三角洲地区以及大城市郊区、经济发达地区,可以适当发展一些优质哈密瓜的温室有机生态型无土栽培生产,以满足市场发展的特殊需要。

3. 标准化栽培技术　我国甜瓜的栽培技术较之以前有了一

定的改进,但与国外现代化商品生产要求还有一定差距。一是栽培设施简陋,抗自然灾害的能力较差,生产还受控于自然环境。二是栽培技术未能实现科学化,如施肥上大多未能实现测土施肥,浇水灌溉大多沿用比较落后的沟灌、畦灌方式浇水,病虫害防治未能根据科学预测预报进行综合防治和科学用药。三是生产过程中没有实现标准化生产,因此生产出来的商品瓜大小、成熟度、品质不一,从而无法适应市场需要商品标准化的要求,这种不规范的商品瓜,缺乏市场竞争力,经济效益差。因此,应根据各产区的生态与生产条件,针对不同设施条件、不同品种、不同市场的要求,通过综合农艺措施的系统研究,提出设施生产管理的量化指标,明确不同条件下的种植要求和栽培技术,以提高和保证果品质量。

4. 发展无公害生产 为了适应人们日益增长的食品保健意识,无公害的优质商品瓜生产是今后甜瓜栽培发展的必然趋势。应切实加强研究推广甜瓜的无公害栽培技术,在病虫害防治上应尽量减少对化学农药的依赖,积极提倡各种非化学防治措施,如农业防治、综合防治、生物防治,推广嫁接技术和抗病品种等。今后我国甜瓜设施生产将向着优质、高效、产业化方面发展,并由传统生产逐步向高科技、机械化、规模化、产业化的工厂型农业转化,为消费者提供更加丰富安全的优质绿色瓜果。

5. 研究发展贮运保鲜技术 薄皮甜瓜皮薄,易于碰破损伤,不耐贮运,货架期短,一般又多为散装运输,因此均为自产自销,只能就地供应附近市场,大多难以进入长途远运的大流通市场。厚皮甜瓜则不同,不论是西北地区露地栽培的哈密瓜、白兰瓜、玉金香、黄河蜜,还是东部地区保护地栽培的早熟厚皮甜瓜类型,其耐贮运性均比薄皮甜瓜强。虽然适于长途远运,但在贮运过程中的损耗、腐烂也十分严重,大大制约了市场流通。为延长货架期,异地供应,以及周年供应市场的需要,有必要大力研究发展贮运保鲜技术。

第二章 甜瓜类型及优良品种

甜瓜栽培历史悠久,类型丰富,栽培品种繁多。关于甜瓜栽培品种的分类,前人有过多种方法,但国内外尚没有一个公认的统一标准。20世纪50年代,中国瓜类科技工作者根据栽培地区、生长环境以及品种特征特性的不同,将甜瓜分为薄皮甜瓜和厚皮甜瓜两大生态型。

一、厚皮甜瓜类型及优良品种

厚皮甜瓜又名"蜜瓜",在气候干燥,光照充足,且具有一定昼夜温差环境条件下生长良好。植株生长势较旺,叶片较大,叶色浅绿。中大果型,单果重2~6千克,果皮较厚,需去皮后食用,肉厚2.5厘米以上,折光含糖量常在12%~17%之间,种子较大,耐贮运,晚熟品种可贮藏3~4个月。厚皮甜瓜按照果实颜色、形状和网纹的有无等特性可大致分为4种类型。

(一)黄皮类型

该类型果皮光滑,皮色浅黄、金黄或深黄色。主要品种如下。

1. 伊丽莎白 从日本引进的一代杂种。全生育期90天左右,果实发育期30天。果实圆球形,果实成熟后,果皮橘黄色,光滑鲜艳,整齐漂亮,无棱沟,果肉白色,肉厚2.5~3厘米,腔小,细嫩可口,含糖量为14%~16%。单果重600~800克,最大可达1 500克以上。脐小,具浓香味,耐贮运。花开放至果成熟需30天左右,该品种具有早熟、高产、优质、适应性广、抗性强等特点,适于冬春、早春及秋冬茬大棚保护地栽培。

2. 状元 台湾农友种苗公司育成的一代杂种。株型小、紧凑，易结果，早熟，开花后 40 天左右即可采收。果实橄榄形，成熟时果面呈金黄色，略粗糙，果肉白色，靠腔部淡橙色，肉厚约 3.2 厘米，含糖量为 14%～16%，肉质细嫩，品质优良。单果重 1.5 千克左右，重者可达 3 千克。果皮坚硬，不易裂果，耐贮运，低温下果实能正常膨大，在保护地栽培条件下可全年栽培。

3. 迎春 又名黄皮大王，是河北农业大学培育的厚皮甜瓜杂交一代种。大果型、早熟品种，全生育期 90 天左右。果实圆形，果皮光滑，金黄色，美观、艳丽，单果重 1.5 千克以上。果肉厚约 4 厘米，种腔小，果肉白色，细嫩多汁，平均可溶性固形物含量 16%～18%，甘甜芳香。视生产条件，单株可留果 2～3 个，果实不脱把，耐贮运，无发酵现象。适于日光温室、大棚早熟立式栽培。

4. 久红瑞 合肥久易农业开发有限公司产品。早熟品种，果实发育期 30～32 天，果实圆球形、金红色，果肉白色，肉厚 4.2 厘米以上，肉质细酥，汁多味甜，中心糖含量 15%～16%，香味纯正，皮质韧，耐贮运，单果重 1.5～2.5 千克。适于华北地区温室大棚栽培。

5. IVF117 中国农业科学院蔬菜花卉研究所选育。植株生长势健壮，果实发育期 40～43 天。果实高圆形，果皮黄色，偶有密细纹。果肉浅橘红色，肉厚 4 厘米左右。肉质紧密，果味清香，中心可溶性固形物含量 16% 左右。单果重 1.5 千克左右。适于北京、河北等地设施栽培。

6. 农大甜 1 号 西北农林科技大学选育。全生育期 105 天左右，果实发育期 37 天左右。雌花发育早，易坐果。果实圆形，果形指数 1。果皮光滑、金黄色，果肉白色，平均肉厚 3.8 厘米。果实中心可溶性固形物含量 11.4%～16.5%，平均 15.1%。肉质较软，果实商品率 95% 左右。单果重 1.7 千克左右。商品种子种皮呈黄色,千粒重26.8克。植株生长势较强,耐病、抗逆性较强。该厚皮(光皮)甜瓜品种可在北京、河北、河南、陕西、甘肃、宁夏、新疆、黑龙江等地作春季保护地栽培。

7. 中甜2号 中国农业科学院郑州果树研究所培育的杂交一代种。早熟,全生育期110天左右,果实椭圆形,果皮光亮金黄。果肉浅红色,肉厚3～3.4厘米,肉质松脆爽口,香味浓郁。单果重1.5千克左右。可溶性固形物含量14％～17％,耐贮运性好,抗病性强,坐果整齐一致,充分成熟时采收风味较佳。适于日光温室和大棚栽培。

8. 中甜3号 中国农业科学院郑州果树研究所培育的杂交一代种。早熟,全生育期95～100天。果实高圆形,果皮光亮金黄,果肉浅绿色至白色,肉厚4～5厘米,肉质松软爽口,香味浓郁。单果重2千克左右。可溶性固形物含量14％以上,耐贮运性好,抗病性强,坐果整齐一致。适于日光温室和大棚栽培,在较干燥地区小拱棚也可种植。

9. 一品红 中国农业科学院郑州果树研究所选育。早熟,全生育期105天左右,果实发育期30～38天。坐瓜整齐一致,单果重1.5～2.5千克。果实高圆形,果形指数为1.1左右。果皮黄色,光皮,偶有稀网纹。果肉橙红色,腔小,果肉厚4厘米以上。折光糖含量为13.5％～17％,具哈密瓜风味。果实成熟后不易落蒂。耐贮运性好,货架期长,常温下可存放15天以上外观品质不变。对肥力的要求较高。土壤肥力较高时,其品质和产量能得到充分表现。适于日光温室和大棚栽培。

10. 金辉1号 上海市农业科学院园艺所育成。果实橄榄形,金黄皮,果肉浅橙色,肉厚4厘米左右,肉质脆嫩爽口,折光糖含量16％左右。单果重1.5～2千克。每667米²产量2 500千克左右。耐贮运,在常温下春茬果实可贮藏20天左右,秋茬果实可贮藏30天左右。植株生长势中等,全生育期90～100天,果实发育期 43～45 天。以保护地栽培为主,采用立架栽培或爬地栽培均可,大棚种植密度为每 667 米² 1 300 株左右,单蔓整枝,子蔓结果,10～13 节留果,每株留 1～2 个果,15 节摘心。也可采用爬地栽培,密度为每 667 米² 700 株左右,单蔓或双蔓整枝均可,每株留果 2～4 个,25 节摘心。该品种较耐低温弱光,栽培容易,坐果性好,适应性广。适于华中地区设施栽培。

11. 维多利亚 江苏省农业科学院蔬菜研究所育成的杂交一代种。早熟,优质,耐湿,抗病,植株生长势较强,叶色较浅,坐果率高,坐果节位位于主蔓 10～14 节,自开花至果实成熟 35 天左右。果实正圆形,皮色金黄美观,果肉雪白,果肉厚度 2.5 厘米以上,香味浓郁,风味佳良,耐贮运。可溶性固形物含量 14% 以上,平均单果重 1 千克,单株坐果 1.5 个以上。适于南方多雨地区大、小棚覆盖栽培,每 667 米² 产量 2 000 千克左右。

12. 丰甜 2 号 安徽省合肥市种子公司培育的杂交一代种。早熟,全生育期 90 天左右,雌花开放至果实成熟 30～35 天。以孙蔓坐果为主,果实圆球形,单果重 1 千克左右,成熟果金黄色。果肉白色至淡绿色,肉厚 3.2 厘米左右,可溶性固形物含量 14%～16%,肉质细嫩,香味浓。适于温室和大、中、小拱棚保护地栽培。

13. 金帝 合肥丰乐种业公司育成。中熟种,果实发育期 37～40 天。果实圆形,果皮光滑,金黄色,白肉,肉厚 5 厘米左右,肉质细脆,汁多味甜,折光糖含量为 14%～17%。单果重 2.5 千克左右。皮韧,耐贮运,抗病性较强。

14. 金瑞 合肥丰乐种业公司育成。早熟,果实发育期 33～36 天。果实圆球形,金黄皮,白肉,肉厚 4～4.4 厘米,肉质细密,汁多味甜,中心折光糖含量 15%～17%,香味纯正。单果重 1.5～1.8 千克。皮韧,耐贮运。长势较旺,抗性较强,适应性广,适于保护地栽培。爬地栽培时,宜采用双蔓整枝,孙蔓留果,每株留果 2～3 个。

15. 金太阳　石家庄市双星甜瓜研究所育成的一代杂种。生长健壮,结果力强,成熟早,开花后 30 天便可采收,成熟时果面呈金黄色,艳丽。单果重 1.5～2 千克,最大可达 3.5 千克。果肉白色,含糖量为 14%～16%,肉质细,品质优,较耐贮运。

16. 金红　河北省骄子瓜菜种苗研究所育成的一代杂种。抗病,耐低温弱光,长势中等,生长健壮,叶色深绿,易坐果。中早熟,开花后 40 天左右成熟,熟后果皮金黄色,光滑漂亮,有香味。果实圆形及椭圆形,浅白绿肉,肉厚、腔小,含糖量一般为 14%～15%,嫩甜可口。一般单果重 1.5～2 千克,最大可达 3 千克以上。耐贮运,丰产性好。

17. 金丽 1 号　新疆农业科学院园艺作物研究所育成。果实高球形,光皮,成熟果实的果面金黄色,果肉白色细软,清香扑鼻,中心折光糖含量 15.6%,单果重 2 千克左右。不落蒂,不裂果,中抗蔓枯病和白粉病。

18. 金丽 2 号　新疆农业科学院园艺作物研究所育成。果实长椭球形,成熟果外皮金黄色,十分艳丽诱人醒目,果肉白色,肉质细爽,风味佳,中心折光糖含量 16.4%,最高达 17.6%,平均单果重 1170 克。不落蒂,采收后贮藏数日,风味更佳。叶片及根部均无病害,抗病性强。金丽 1 号、2 号是具有哈密瓜风味的厚皮甜瓜。

19. 金冠　甘肃省河西瓜菜研究所育成。早熟,全生育期 95 天左右,果实发育期 28 天左右。果实圆球形,金黄皮,白肉,心室小,肉致密,纤维细,品质风味好,中心折光糖含量 16%。每株坐果 2 个,单果重 1.2 千克左右,最大可达 3 千克左右。抗病性较强,适应性广,适于保护地和露地栽培。

20. 黄河蜜　甘肃农业大学育成。生长势强,坐果率高,抗霜霉病和白粉病,开花至果实成熟需 40 天以上,属中早熟品种。果实椭球形,果皮光滑,未成熟时绿色,成熟后黄色。单果重 1.5 千克左右。果肉淡绿色,肉厚3~4厘米,肉质坚硬、紧密,果实成熟后具有清香味,含糖量为12%以上。正常情况下大棚保护地栽培,产量可达37 500千克/公顷。

21. 元帅 珠海太阳现代农业有限公司选育。成熟时果皮呈金黄色,果形椭球形。单果重1.5~2千克,栽培条件良好时,单果重可达3千克以上。果肉白色,略微带绿,鲜甜爽口,含糖量15%左右,风味佳。全生育期85~95天,抗病性强,属抗病、易栽培、易管理、高产量品种。耐贮存,适合于大棚保护地栽培。

22. 红宝 珠海太阳现代农业有限公司选育。早熟,植株生长势中等偏强,授粉后30~35天成熟。果实圆形至高圆形,皮色橘黄带红,艳丽高雅,细腻光滑。果肉橘红色,爽脆细嫩,甜美多汁,含糖度通常在15°左右。在满足其生长所需的光照温度及水肥的条件下,一般单果重2~2.5千克,最大可达3千克。大果优质,外观艳丽是其最大的特色。

23. 金蜜 台湾农友种苗公司育成的早熟杂交种。生长势强,以子蔓结果为主,极易坐果,单株结果3~5个,果实高球形,成熟后表皮金黄色,覆有银白色条带,外观艳丽,果肉白色,肉质致密细嫩,折光糖含量15%~16%。极甜,风味浓香,品质上佳。果皮具韧性,耐磨损,运输过程中皮色不变,不裂果。单果重1.9千克左右。早熟,从定植至采收70~75天。高抗枯萎病,采收前不死秧,不烂果,不裂果。在低温弱光条件下,依然坐果力较强,成果率较高,丰产。因此,不仅适于低纬度地区海拔较高的山坡地越夏茬常规栽培,还适应较高纬度地区棚室保护地反季秋冬茬、越冬茬和春茬栽培,一般每667米^{2}产量为5 000~6 000千克。

24. 金姑娘 台湾农友种苗公司育成的极早熟杂交种。全生育期80天左右,果实发育期35天左右。植株生长势强,易栽培,生育后期不易衰弱,第二次结果的品质仍甚甜美。果实橄榄形,脐小,单果重1~1.5千克。果肉纯白色,质地细嫩,不易发酵,风味香甜可口,且糖度和品质均甚稳定。成熟果表面金黄色光滑或偶有稀少网纹,外观娇美。因成熟时果皮变为黄色,容易判断适宜采收期,果实耐贮藏运输。该杂交种耐高温性强,越夏茬栽培结果率仍高。

25. 处留香 台湾农友种苗公司育成。植株生长健旺,容易栽培。果实未成熟时淡绿色,成熟时转为黄色,果面光滑或偶有稀少网纹发生,圆球形,但低节位坐果有时呈稍扁球形。单果重 1.5 千克左右,果肉白色,甚厚,折光糖含量 13%～16%。果实经过后熟后软化,肉质特别细软,无渣,汁水多,入口即化,吃后唇齿留香。早熟,露地春夏茬栽培生育期 85～90 天,果实发育期 35 天左右,棚室秋冬茬或冬春茬栽培生育期 110～115 天。冷凉期果实生育慢,成熟时转色慢或果面不转色。一般 667 米^2 产量 4 000 千克以上。

26. 蜜皇后 由西班牙引进的大果型品种,在世界各地久负盛名。果实高球形,单果重 1.5～2 千克,成熟后果面金黄色,光滑亮丽。瓜肉白色而厚,折光糖含量 15%～16%,其香味浓郁,甜脆爽口,极受人们青睐。植株生长强健,抗枯萎病和白粉病。全生育期 95 天左右,果实生育期 50 天左右,露地及棚室保护地均可栽培。

27. 黄冠 由韩国引进。植株生长势强,雄花多,坐果率高,早熟丰产。从开花至果实成熟需 35～40 天。果实球形,大小均匀,单果重 800～1 000 克。果皮金黄色,着色快。果肉白色,折光糖含量 14%～15%,纤维少,耐贮运。易栽培,适于温室秋冬茬、越冬茬、冬春茬和早春茬栽培,塑料大棚早春茬栽培。

(二)白皮类型

该类型果皮光滑,皮色洁白,主要有以下优良品种。

1. 西薄洛托 日本八江农芸株式会社育成。中早熟种,果实发育期 40 天左右。果实圆球形,果皮白色有透明感,果肉白色,香味浓郁,口感佳,折光糖含量 15%～16%。耐贮运,单果重约 1.1

千克。宜在 10 节以上坐果。适于保护地早春或秋季密植吊架栽培。

2. 古拉巴 日本八江农芸株式会社育成。早中熟种,果实发育期 43 天左右。果实圆球形,果皮白绿色,有透明感,绿肉,果肉厚,折光糖含量 15%～16%。耐贮运,单果重约 1.2 千克。10～13 节坐果。适于大、小棚栽培。

3. 白斯特 由韩国引进。全生育期 97～100 天,果实发育期 45～48 天。果实圆球形,果皮乳白色光滑无网纹,果肉淡红色,折光糖含量 14%～17%,肉质紧实。单果重 1.2～1.4 千克。果皮坚韧,耐贮运。耐寒性强,适于冬暖棚室保护地秋冬茬和冬春茬栽培及露地春夏茬栽培。但在果实发育后半期,若水分供应充足,往往导致糖度低下和发生裂果。故应于收获前 15～20 天的果实发育后半期,注意控制水分供应。

4. 京玉 1 号 北京市农林科学院蔬菜研究中心育成。早熟品种,生长势中等。果实圆球形,果皮洁白,有透明感,果肉乳白色,肉质疏松爽口,成熟后果肉柔软多汁,风味好,折光糖含量 14%～18%。成熟时不落蒂,单果重 0.8～1.5 千克,每 667 米² 产量 2 500 千克左右。耐贮运,耐低温弱光,耐白粉病。适于春季日光温室和大棚栽培。单蔓整枝时,在主蔓 10～14 节子蔓上留果,主蔓 20～24 叶摘心,每 667 米² 种植 1 800～2 000 株;双蔓整枝时,主蔓 3～4 叶摘心,在子蔓 8～10 节孙蔓上留果,每 667 米² 种植 800～1 200 株。当果皮变成乳白色、果实附近叶片失绿时,为采收适期。

5. 京玉 2 号 北京市农林科学院蔬菜研究中心育成。植株生长势强,果实发育期 37～42 天,单果重 1.1～1.6 千克,果实高圆形,果皮洁白有透感,果面光滑,果柄处有微棱。果肉浅橙色,肉质酥脆爽口,可溶性固形物含量 14%～17%,最高可达 18%。

6. 京玉 3 号 北京市农林科学院蔬菜研究中心选育。植株生长势较强,抗白粉病。中早熟,全生育期95～100天,果实发育期44～46天。果实椭圆形,果皮白色晶莹剔透。果肉白绿色,中心可溶性固形物含量15%～17%,肉质松软多汁,不落蒂,耐贮运。单果重1.4～2.2千克,每667米²产量2 200～3 000千克。适合我国东南部地区保护地优质高产栽培。

7. 京玉月亮　北京市农林科学院蔬菜研究中心培育。果实圆球形,光滑细腻,白里透橙,果肉橙红色,肉质细嫩爽口,单果重1.2～1.4千克,折光糖含量14%～18%。适合保护地优质特色栽培。栽培要点:建议重施基肥,单蔓整枝,留主蔓12～14节位的子蔓坐果,每株选留一果,主蔓24～26节摘心。每667米²1 400～1 600株。适时采收,采收前7～10天停止浇水,以防裂瓜、降低品质。

8. 玉金香　甘肃省河西瓜菜研究所选育。早熟,全生育期85天左右,果实发育期38天左右。植株生长稳健,叶片小,节间与叶柄短。果实圆形,果皮乳黄白色,偶有网纹,果肉白色,肉细汁多,香味浓郁,中心可溶性固形物含量16%～18%。单果重0.7～1千克,一般每667米²产量3 000～3 500千克。田间表现抗白粉病、霜霉病、疫霉病。1996年开始进行省内外生产示范和推广工作,经多年生产实践证明:玉金香是一个适应性很广的优质、高糖、早熟厚皮甜瓜品种。目前,推广面积较大的有甘肃、北京、宁夏、内蒙古、吉林、云南、四川、陕西、山东9个省、自治区、直辖市,其中在甘肃、云南、宁夏已成为主栽品种。

9. 航天玉金香　甘肃省河西瓜菜研究所选育。中熟,抗病性和生态适应性强。果实由圆形变为高圆形,果皮为白色光皮、无网纹,果肉为纯白色,品质优,果实中心可溶性固形物含量17%～18%。单果重1.2～1.5千克,每667米²产量达3 500千克左右。基本保留了玉金香的优点,改进了玉金香网纹发生不稳定、果实偏小的缺点,耐贮运性较好,适合北方露地及全国保护地栽培。

10. 银帝 甘肃省河西瓜菜研究所育成。中熟,全生育期110～115天,果实发育期40天左右。果实短椭球形,白皮,偶有网纹,果肉浅绿色至白色,肉厚4～5厘米,心室小,肉质细嫩爽口,折光糖含量16%～17%。单果重1.6～2千克,每667米²产量4000千克左右。植株健壮,抗病性较强,适应性较广。露地爬地栽培时,采用双蔓或三蔓整枝,在子蔓6节以上留果,每株留2个果。保护地吊架栽培时宜采用单蔓整枝,在12～15节上留第一个果,当果实达1.5千克大小"定个"后,再在选留的预备蔓上留第二个果。

11. 蜜世界 台湾农友种苗公司育成的杂交一代种。开花后45天左右成熟,低温结果能力很强。果实高圆形,果皮淡白绿色,果面光滑,但湿度高或低节位坐果时,果面偶有稀少网纹。单果重1.4～2千克。果肉绿色,可溶性固形物含量14%～18%,肉质软、细嫩、多汁,品质优,果肉不易发酵。

12. 蜜天下 台湾农友种苗公司选育。早熟,果实发育期40～45天。植株生长势强,优质,抗病,糖度高,高温时品质稳定,丰产性好,耐贮运。果实高球形,果皮淡白色。果面光滑或偶有稀少网纹,果肉淡绿色,果肉厚,肉质细嫩多汁,风味鲜美。果实刚采收时肉质较硬,经后熟数天果肉软化后食用,汁水特别多,风味更佳,中心折光糖含量15%～17%。单果重1～1.5千克,每667米²产量达2000～2500千克。

13. 银岭 台湾农友种苗公司选育。为蜜世界姊妹品种,但较蜜世界早熟,且抗枯萎病生理小种。单果重1.5千克左右,成熟后果皮淡白色,果肉淡绿色,折光糖含量14%～16%,品质细嫩,香气高逸,产量高,最适宜棚室保护地栽培。但成熟果会脱蒂,贮藏期短,故此应于脱蒂之前适时采收。

14. 天女 台湾农友种苗公司育成的早熟、品质优良、抗枯萎病的杂交种。果实长球形,单果重1千克左右,成熟时果皮乳白色,光滑无网纹,果肉淡橙色,折光糖含量 14%～16%,肉质细嫩爽口。

15. 玉姑 台湾农友公司培育。坐果能力强,花后 40 天左右成熟。果实椭圆形,单果重 1.5 千克左右,果皮白色,果面光滑,果肉淡绿色,糖度稳定在 15%～17%,种腔小,每 667 米² 产量 1 500 千克左右。玉姑是目前上海市优质甜瓜的首选品种,深受广大上海市民的青睐。上市时间为 5 月上旬至 6 月中旬。

16. 玉玲珑 台湾农友种苗公司选育,为台湾白皮洋香瓜中含糖量较高的杂交种。果实球形,成熟时果皮为乳白色,微带绿,果面光滑,肉厚白色,细嫩甜脆,风味极佳,果柄不易脱落,贮运性好。折光糖含量 16%以上。单果重 1.5 千克左右。全生育期 85 天左右,其中果实生育期 40 天左右,贮藏 7～10 天后果肉仍很爽脆。

17. 白辉 日本南都种苗株式会社选育,湖南南湘种苗公司引进。中熟品种,果实发育期 45 天左右。生长势中等,耐病性较强。果实高圆形,果皮纯白色至乳白色,外观美,白肉,肉厚 3.5～4 厘米,中心含糖量 15%～17%。单果重约 1.5 千克,每 667 米² 产量 2 800 千克,肉质致密,耐贮运,收获后可存放 50～70 天,适于保护地栽培。

18. 枫叶 2 号 由加拿大引入。生长势强健,抗蔓枯病、霜霉病能力强,结果性好,易栽培。果实椭圆形,单果重 2～3 千克。成熟果实果面乳白色,果肉白色稍带橘红,折光糖含量 14%～16%,肉质脆嫩,甘甜多汁,香味甚浓。果皮韧性强,不易裂果,耐贮运。果面光滑或稍有网纹,美观。中熟偏早,全生育期 90 天左右,果实发育期 40～45 天。适于我国南北大部分地区露地春夏茬和夏秋茬栽培,更适于北方地区温室秋冬茬和冬春茬吊架栽培,每 667 米² 产量 5 000 千克以上。

19. 白雪公主 江苏省农业科学院蔬菜研究所配制的一代杂

种。早熟种,长势稳健,耐湿性强,抗白粉病和枯萎病。雌花多,坐果性好,果实高圆形,果皮乳白色,有透明感,果肉雪白,肉厚3.5~4厘米,肉质细嫩,风味佳良,耐贮运。雌花开放后40天左右成熟,单果重1~1.2千克。中心折光糖含量15%~16%,最高可达18%。适合于日光温室及塑料大棚栽培。

20. 丰甜5号 安徽省合肥市种子公司培育的杂交一代种。中早熟,全生育期95天左右,雌花开放至果实成熟35天左右。果实高圆形,果形指数1.1,果皮白色,果形周正,外形美观,不易发生畸形果。肉厚4厘米,肉色绿,肉质细脆,口感极佳,汁多味甜,可溶性固形物含量14%~16%,纤维极少,香味纯正,品质优良,皮厚0.3厘米,质韧,特别适于长途运输及海南反季节甜瓜生产栽培。本品种长势稳健,易坐果,平均单果重1.5千克,大果重达3千克以上。

21. 华甜玉翠 合肥市华夏甜瓜科学研究所育成的杂交一代种。中熟,全生育期105天左右,果实发育期45天左右。植株生长较旺,抗病强,易坐果,每667米² 产量2 000千克左右。果实椭圆形,成熟后果皮洁白似玉、光滑,但在湿度高或低节位坐果时,果面偶有稀少网纹发生。单果重1.5~2千克,果肉翠绿色,肉质细,汁多,可溶性固形物含量16%,风味极佳,耐贮运。

22. 白绿蜜 合肥市西甜瓜蔬菜科学研究所育成的杂交一代种,属白色光皮品种。植株长势好,蔓稍细,节间中等长,叶片有缺刻,色较浅。耐湿、耐病性较强。雌花发生和坐果稳定,适宜于冬暖大棚及大、中、小拱棚保护地栽培。果实高圆球形,单果重1.5~1.7千克,成熟时果皮白色而现淡绿,果面光亮。果肉绿色,肉厚而稍软,汁多而味香,折光糖含量16%左右,品质佳。果皮坚韧,耐贮运。中熟,全生育期97天左右,果实发育期45天左右。

23. 白玉香 上海市农业科学院园艺研究所选育。早熟、抗病。春季全生育期100天左右,夏秋季全生育期90天左右,从开花到成熟春季 35 天左右、夏秋季 32 天左右。果实圆形，果皮光滑乳白，果肉白色，肉质细爽多汁。单果重 1.5 千克左右，果肉厚 4 厘米左右，折光糖含量 17％左右。以保护地栽培为主。

24. 香雪　中国农业科学院郑州果树研究所选育的中早熟杂交一代种。全生育期 95～100 天。果实椭圆形，果皮白色、光滑，未成熟时有不明显的暗纵绿条纹。果肉浅红色，肉厚 4～4.5 厘米，肉质脆，口味清香，中心可溶性固形物含量 12％～14％。单果重 2～2.5 千克。

25. 众天雪红　中国农业科学院郑州果树研究所育成。全生育期 110 天左右。果实椭圆形，果皮晶莹、细白，成熟后蒂部白里透粉，不落柄，果肉红色，成熟标志明显，不易导致生瓜上市。肉厚 4 厘米以上，口感松脆、甜美，折光糖含量为 14％～16％。单果重 1.5～2.3 千克。耐贮运。

26. 福斯特　廊坊市骄子种苗研究开发有限公司培育。开花后 38～40 天成熟，椭圆形，白皮，白肉或微红肉，肉厚 3.5～4 厘米，可溶性固形物含量 14％～15％，有香味，甜脆爽口，一般单果重 1.5 千克，最大 2.5 千克。丰产，不裂果，不脱蒂，耐贮运。

27. 雪美　廊坊市骄子种苗研究开发有限公司培育。中早熟。生长健壮，长势中等偏强，叶色深绿，瓜码特密，坐果良好，能连续结果，熟性早，抗性强，一般开花后 38～40 天成熟，果实短椭圆形，皮雪白色，光滑细腻，透明感甚强，外观娇美。肉纯白色晶莹剔透，肉厚 4 厘米以上，腔小，一般折光糖含量 15％～17％，最高达 19％以上，蜜甜可口，回味无穷。棚室冬春茬栽培一般单果重 1.5～2 千克，最大 2 千克，成熟早、效益高，可多茬结瓜。不易脱蒂，不易裂果，耐贮运，丰产性好。

28. 大暑白兰瓜　1944 年从美国引入。先在兰州栽培，逐步扩大到靖远与河西各县，栽培已近 50 年历史，与原种有较大的变异。晚熟种在兰州，全生育期 120 天左右，果实发育期 45～50 天。

果实圆形,纵横径 15.8 厘米×15.7 厘米,果形指数 1,单果重 1.5 千克左右。果面洁白光滑,成熟后阴面呈乳白色,阳面微黄,顶部与脐部略突起,果肉绿色,肉厚 3～4 厘米,肉质软,汁液丰富,清香,味美,可溶性固形物含量 1.4%,品质上等。种子橙黄色,千粒重 49 克,单瓜种子数 500 余粒。耐运输,是甘肃省的外销品种、兰州市的主栽品种。

29. 甘露 甘肃省农业科学院蔬菜研究所育成的白兰瓜型杂交种。果实椭球形,果皮乳白色,果面光洁美观。果肉绿色,肉特厚,细嫩多汁,甘甜爽口,清香浓郁,折光糖含量 15%～17%。以孙蔓结瓜为主,单果重 2 千克左右,全生育期 115 天左右,抗病性及适应性强,高产稳产,较耐贮运,但耐湿性差。特别适于甘肃、青海、新疆、内蒙古等西部大陆性气候地区种植。

(三)网纹类型

该类型果面覆盖稀疏网纹和浓密网纹,主要有以下优良品种。

1. 阿鲁斯系列 日本八江农芸株式会社育成,由上海市种子公司推广。分春、夏和秋冬三大系列,每个系列有若干品种,能为不同地区、不同季节提供最佳的品种选择。该系列品种网纹漂亮,坐果性好,外观、品质均为上等。低温坐果性强,具有在高温下生长的特点,适应性广泛,易栽培管理。

2. 真珠 200 日本八江农芸株式会社育成。低温坐果稳定,具有在高温下生长的特点,耐白粉病。网纹粗密,果实高球形,果肉黄绿色、多汁。中心折光糖含量 16%左右。单果重 1.5～1.6 千克,结果后 55～60 天可以采收,果实的货架期长,适合春秋两季栽培,可爬地或立架栽培。

3. 翠蜜 台湾农友种苗公司培育的一代杂种。中晚熟品种,从开花至成熟需 50 天左右。植株生长强健,果实高球或微长球形,果皮灰绿色,网纹细密美丽。果肉翡翠绿色,肉质细嫩柔软,品质、风味优良,中心折光糖含量 14%～17%,最高可达 19%。单果重 1.5 千克左右。冷凉期成熟时果皮不转色,宜计算开花后成熟日数决定是否采收。刚采收时肉质稍硬,经 2～3 天后熟期,果肉即柔软。栽培容易,不易脱蒂,果硬,耐贮运,但在生育期内如遇连阴天则易发生裂瓜。适合早春保护地栽培。

4. 天蜜 台湾农友种苗公司培育的一代杂种。从开花至果实成熟需 45～50 天。果实高球形或短椭球形,果皮为淡黄白色,网纹细美。单果重 1.2 千克左右。果肉白色,肉厚,含糖量为 14％～15％,肉质特别柔软细嫩。该品种低温条件下生长良好,适合进行保护地早熟栽培。

5. 翠芳 从台湾农友种苗公司引进。生长强健,开花后 50 天左右成熟。果实高圆形至微长圆形,网纹细密稳定。单果重 1.2～2 千克。成熟时瓜皮呈灰绿色,果肉翠绿色,含糖量为 15％ 左右,肉质细嫩多汁,香气浓郁。果蒂不易脱落,果硬,耐贮运,抗枯萎病。

6. 香蜜 从台湾农友种苗有限公司引进。早熟,开花至成熟仅需 35～45 天。生长势中强,抗病性好。少脱蒂,宜八成熟采收。果实高圆形至短椭圆形,端正丰美。瓜皮淡黄色,网纹细密。单果重 1～2 千克。白肉,含糖量 14％～18％,质软多汁,品质好。适合温暖期栽培,低温下栽培结果较小。注意防止粗裂网纹发生。

7. 玉蜜 从台湾农友种苗有限公司引进。株大叶厚,易坐果。果实高圆形。果皮灰绿色,果面网纹粗密漂亮,外观高雅。单果重 1.5～2 千克。果肉白绿色,含糖量 14％～16％,品质细软汁多,入口即化,风味优美。全生育期 90～100 天,果实发育期 50～55 天。成熟时果蒂不脱落,高温期则果皮偶会转为橙黄色。抗枯萎病。

8. 玉露 台湾农友种苗公司育成的杂交一代种。中早熟,生长势强,抗病性好。果实圆球形,成熟果为奶油色稍带淡黄色,有稀疏网纹。单果重 1～1.6 千克。果肉淡绿色,可溶性固形物含量

14%～16%,结果力强,栽培容易,充分成熟时易落蒂,应适时采收。

9. 天骄 从台湾农友种苗有限公司引进。生长势中等,雌花多,易坐果。全生育期90～100天,开花至成熟需40～45天。果实椭圆形,果皮灰绿色,网纹细密。单果重1.3～1.8千克。淡白绿肉,含糖量14%～16%。肉质细软,汁水多,风味佳。低温期果型较小,适于温暖期及夏季栽培。

10. 银翠 从台湾农友种苗有限公司引进。中熟品种,全生育期为90～100天,从开花至成熟采收为40～45天。生长势强,易坐果。果实椭圆形,灰绿皮,网纹细而稳定。单果重1.5～2千克。果肉淡绿色,含糖量14%～16%,质地细软汁多,品质优良。果蒂不易脱落,耐贮运。耐低温弱光,抗枯萎病。适于日光温室越冬栽培。

11. 橙露 从台湾农友种苗有限公司引进的一代杂交种。果实高圆形,网纹粗而美。开花后55天左右成熟。单果重1～1.5千克。果皮灰白绿色,果肉橙色,肉质柔软细嫩,风味特别鲜美,含糖量一般在14%以上。不易裂果,不脱蒂,贮运性强。

12. 蜜香红 从台湾力禾种苗公司引进。生长强健,早熟。果实球形,果皮绿色。单果重1.5～2千克。网纹细密美丽,果肉翡翠绿色,含糖量15%～17%,最高可达19%。肉质细嫩柔软,品质风味优良。开花后约50天成熟,不易脱蒂,果皮硬,耐贮运。刚采收时肉质稍硬,经2～3天成熟后,果肉即柔软。抗枯萎病、白粉病等。适合保护地栽培。

13. 新南友 台湾力禾种苗有限公司引进。为中早熟品种,开花后约45天采收。果实圆球形。单果重1.5～2千克。果皮浓绿转粗密网。肉色浅青色,质细而高甜,含糖量可达18%以上。耐裂果。

14. 新玉露 从台湾力禾种苗公司引进。生长强健,中早熟。

糖度高而稳定,尤其在高温期日夜温差小的季节,糖度及品质也相当稳定。果实圆球形,果皮未熟时淡绿色,熟后变为奶油色,果面有稀少网纹,果肉淡绿而厚,子腔小。单果重通常在1～1.6千克之间,大的可达2千克。含糖量15%～18%,肉质柔软细腻。开花后38～45天成熟。耐高温,适于露地及大拱棚栽培。

15. 冀蜜瓜1号 河北省农业大学育成的一代杂种。生育期86～90天,开花至果实成熟需30～35天。果实圆球形,果皮金黄色,有网纹。单果重1～1.2千克。果肉绿白色,肉厚3厘米左右,质细松脆,含糖量12%～15%,品质上等。该品种较抗病,早熟,适合早熟密植栽培。栽培容易,每公顷产量为33 000千克左右。

16. 网络时代 中国农业科学院郑州果树研究所选育的杂交一代种。全生育期110天左右。果实圆球形,果皮墨绿色至灰绿色覆绿白色网纹,果肉绿色,肉厚4厘米左右,肉质松脆,可溶性固形物含量15%～17%,单果重1.5千克以上。

17. 网络2号 中国农业科学院郑州果树研究所选育。植株生长势较强,茎蔓粗壮,易坐果,坐果整齐。雄花完全花同株。雌花主蔓上发生较晚,子蔓上发生较早,子蔓、孙蔓均可坐果。全生育期110～120天,果实发育期40～45天。果实圆形,果皮墨绿覆绿白色网纹。果肉绿色,种腔小,果肉厚4.3厘米左右,果实中心可溶性固形物含量14.5%～15.6%。果实商品率95%左右。果实成熟后不落蒂,耐贮运。商品种子黄白色,千粒重25克左右。该厚皮(网纹)甜瓜品种可在河北、河南、天津、陕西、宁夏、新疆、黑龙江、湖南、安徽、海南适宜地区作保护地种植。

18. 蜜龙 天津科润农业科技股份有限公司蔬菜研究所育成。具有耐高湿、高抗白粉病等特点。果实发育期50天左右,果实高圆形。单果重约1.5千克。网纹均匀,折光糖含量16%左右,每667米^{2}平均产量2 574千克,适于春秋保护地栽培。目前已在天津、河北、山东、甘肃、内蒙古等地区示范推广。

19. 碧龙 天津科润农业科技股份有限公司蔬菜研究所育成。果实发育期 50 天左右,生长势较旺。果实圆形,果形指数 1.02。果皮绿色密覆网纹,分布均匀。果肉绿色,质脆,多汁,口感风味佳。果实含糖量 14.5%,商品率 92.7%,单果重 1.5 千克左右,每 667 米² 产量 2 500～3 000 千克。每 667 米² 种植 2 000～2 200 株。单蔓整枝,1 株 1 果。留果节位以 12～15 节为宜。主蔓留 25 片叶摘心,结果侧枝留 2 片叶摘心,果实膨大后摘除下部老叶,以利于通风透光。膨果期避免使用激素,以免网纹发生不良。适宜在北京、天津、甘肃、湖北、湖南、安徽、河南作保护地种植。

20. 金蜜龙 天津科润农业科技股份有限公司蔬菜研究所选育。果实发育期 50 天左右,单果重 1.5 千克左右。果皮黄色,果面覆中等均匀网纹,果形指数 1.2。果肉橙色,肉质脆嫩多汁,风味清香,中心可溶性固形物含量 16%,肉厚 3.9 厘米左右,商品率高,耐贮性好,适宜春季设施栽培。

21. 鲁厚甜 1 号 山东省农业科学院蔬菜研究所育成的一代杂种。中晚熟,开花后 48 天左右成熟。生长势强,抗病性强,易坐果。成熟时果皮灰绿色,高温下、过熟后果皮呈灰黄色。密布细网,网纹漂亮。单果重 1.5～2 千克,最大可达 3.5 千克。果肉黄绿色,肉厚腔小,肉厚可达 4 厘米,肉质酥脆清香,细嫩无渣,口感佳,品质上等。含糖量 14%～17%,过熟后无异味,不脱蒂,耐贮运。适于冬春及早春大棚保护地栽培。

22. F117 山东省农业科学院蔬菜研究所育成的一代杂种。中晚熟高级网纹品种,开花后 50～55 天成熟。单果重 2 千克左右,最大可达 3 千克以上。生长势强,抗病性、抗逆性极强,在高温和低温下均坐果容易,膨果良好,是目前所发现的唯一直线型生长的网纹甜瓜品种,即膨瓜期伴随甜瓜的整个生长过程,瓜长够个也就表示成熟了。在冬春茬的低温寡照天气环境中,该品种的优势更能充分地表现出来。表皮灰绿色,网纹粗密美丽,上网容易,果实圆球形至扁球形。果肉绿色,肉厚3.8厘米左右。肉质脆爽,后熟时酥脆细嫩,口感好,品质上乘。含糖量14%～17%,极耐贮藏,常温下保存1个月品质不变。不脱蒂,耐运输,适合大棚周年保护地栽培。

23. 绿宝石　新疆农业科学院园艺研究所育成。中熟,果实发育期45天左右。果形、坐果节位、成熟期都整齐一致,丰产性、抗病性和商品性均好。果实高圆形,灰绿底,密布突出的网纹,果形整齐一致,肉厚心实,肉色青白,质地细软可口,有高雅的淡香味,品质优,口感好,中心折光糖含量16%以上。单果重1.5～2千克。似日本的网纹甜瓜,但较之果型大、成熟早且货架期长。虽为软肉瓜,但有哈密瓜的风味。

24. 蜜玲珑　上海市农业科学院园艺研究所育成。春季全生育期120天左右,夏秋季全生育期100天左右,果实发育期约50天。植株生长势较强,叶大茎粗,坐果容易,较抗枯萎病、疫病。果实圆形,果表密布网纹,果皮灰绿色,果肉淡绿色,肉质细爽多汁,果肉厚4厘米左右,中心折光糖含量15%以上。春季单果重1.5～2千克,秋季单果重1.5千克左右。

25. 春丽　上海市农业科学院园艺研究所育成。春季全生育期120天左右,夏秋季全生育期100天左右,果实发育期约52天。植株生长势强,叶大茎粗,叶色浓绿,适应性广,抗病性、抗逆性较强,后期植株生长不易早衰。果实圆形,果皮绿色,果实表面网纹凸出、粗细适中,外观极美,果肉翡翠绿色,肉质细爽多汁,果肉厚4厘米左右,肉质软硬适中且不易发酵,水分足,有清香味,中心折光糖含量17%左右,高的可达18%。春季单果重1.5～2千克,秋季单果重1.5千克左右。

26. 京玉4号　北京市农林科学院蔬菜研究中心选育。果实圆球形,果皮灰绿色,有网纹,果肉橙红色。单果重1.2～2.2千克。含糖量15%～18%,抗白粉病,耐贮运,适合春保护地栽培。

27. 中蜜 1 号　中国农业科学院蔬菜花卉研究所选育。中熟,抗性强,果实圆形或高圆形。浅青绿果皮,网纹细密均匀,单果重 0.8 千克左右。果瓤绿色,质脆清香,含糖量高,每 667 米² 产量约 2 500 千克。各地保护地均可种植。

28. 浙网 292　浙江省农业科学院园艺研究所育成。果实标准球形,网纹中粗、密、均匀,皮色淡黄绿。果肉红色,肉质脆糯,含糖量 15%～18%,味甜浓香,纯正。单果重 1.2～1.7 千克。高抗白粉病,中抗蔓枯病,耐低温、抗高温。瓜蔓生长极旺盛,中型叶、中型蔓。雌花极易形成,易坐果,授粉坐果后 48～53 天成熟。早春种植可收两茬瓜,每 667 米² 产量达 3 000～4 000 千克。贮藏性佳,在常温下可贮 15 天左右,适合早春、秋季设施栽培,属综合性状优异的中熟优良类型。

29. 浙网 2025　浙江省农业科学院园艺研究所育成。果形高球形,网纹中粗、密、均匀,皮色灰白,果实表面布有深绿色条斑。肉质绵糯,含糖量 16%～18%,味甜浓香,纯正,单果重 1～1.5 千克,果肉绿白色。抗逆性强,雌花易形成,易着果,早春种植可收两茬瓜,每 667 米² 产量可达 2 500～3 000 千克,授粉坐果后 50～55 天成熟。适合早春、秋季设施栽培。

30. 浙甜 1 号　宁波市农业科学研究院和浙江大学蔬菜研究所合作选育成功的杂交一代。生长势强,叶片大小中等。子蔓坐果,雌花节率高,果实圆球形,果形指数 0.95 左右。底色青,网纹清晰、细网纹、灰白色。单果重 1.2～1.5 千克,果肉浅黄绿色,肉厚 3.5～4 厘米,含糖量 15% 左右,甜而不腻,口感好。早中熟,坐果后 15 天左右开始裂网纹,开花至采收 45～50 天,采收后 5～10 天为最佳食用期。适应性强,较抗枯萎病和白粉病。产量高,每 667 米² 产量达 1 500 千克以上。适合搭架栽培,是大棚的专用品种,可春秋两季种植,适宜于长江中下游及华中、华北地区大棚设施内栽培。

31. 珍珠 江苏省农业科学院蔬菜研究所配制的一代杂种。生长强健,栽培容易。果实高球乃至微长球形,果皮灰绿色。单果重1.3千克左右。网纹细密美丽,果肉翡翠绿色,含糖量15%～17%,最高可达19%,肉质细嫩柔软,品质风味优良。开花后约50天成熟,全生育期约95天。不易脱蒂,果硬耐贮运。最适春播,本品种在冷凉期成熟时果皮是灰绿色不转色,成熟适期不易判别,宜计算成熟日数。每667米² 产量达3 000～3 500千克。

32. 红珍珠 江苏省农业科学院蔬菜研究所配制的一代杂种。生长强健,栽培容易。果实高球形乃至微长球形,果皮灰绿色。单果重1.3千克左右。网纹细密美丽,果肉橘红色,糖度15%～17%,最高可达19%,肉质细嫩柔软,品质风味优良。开花后约50天成熟,全生育期约95天。不易脱蒂,果硬,耐贮运。最适春播,本品种在冷凉期成熟时果皮是灰绿色不转色,成熟适期不易判别,宜计算成熟日数。

33. 苏网1号 江苏省苏州市蔬菜研究所选育。全生育期100～115天,果实发育期50～55天。植株生长势强。果实高圆球形,果皮绿色覆灰白色细密网纹。果肉淡绿色,肉厚4厘米左右,汁多,口感佳。果实含糖量15%,商品率98.1%,单果重1.3千克左右。每667米² 产量2 500千克左右。立架栽培每667米² 留苗1 600株左右,爬地栽培留苗1 000株左右。单蔓整枝,12～15节上的子蔓作结果蔓,主蔓24～25节摘心,顶端保留2条子蔓任其自然生长。开花坐果期要控制水分,网纹形成期水分要均衡供应。适宜在北京、天津、甘肃、湖北、江苏作保护地种植。

34. 甘甜玉露 甘肃省农业科学院蔬菜研究所选育。生育期96天左右,果实发育期40天左右。果实高圆形,果形指数1～1.05,果皮玉白色有网纹。果肉浅绿纯正,肉质酥软多汁,种腔小,果实含糖量16%左右,单果重2千克左右。长势较强,叶心形且皱,高抗甜瓜细菌性叶枯病,中抗甜瓜白粉病。可在广西、江苏、浙江、河南、宁夏、新疆、黑龙江适宜地区作保护地栽培。

(四)哈密瓜类型

该类型果实椭圆形,表面光滑或有稀疏或密网纹,果大,耐贮运。

1. 金凤凰 新疆农业科学院园艺研究所育成。中熟,果实发育期45天左右。中抗白粉病。果实长卵形,皮色金黄,全网纹,外观诱人,果肉浅橘色,质地细松脆,蜜甜微香,中心折光糖含量16%左右,平均单果重2.5千克。可在我国南北大棚及新疆本地种植。

2. 雪里红 又名长白瓜,新疆农业科学院园艺研究所育成。早中熟,果实发育期40天左右。果皮白色,偶有稀疏网纹,成熟时白里透红,果肉浅红,肉质细嫩,松脆爽口,中心折光糖含量15%左右。在三亚、合肥、厦门、上海南汇等地栽培较成功,栽培中应注意预防蔓枯病。

3. 仙果 新疆农业科学院园艺研究所育成。早熟,果实发育期40天左右。中抗病毒病、白粉病及蔓枯病。果实长卵圆形,果皮黄绿色,覆黑花断条,果肉白色,细脆略带果酸味,中心折光糖含量16%。单果重1.5~2千克。贮放1个月肉质不变,仍然松脆爽口。因皮薄,栽培时注意后期控水,否则易裂果。

4. 98-18 新疆农业科学院园艺研究所育成。中熟,果实发育期45天左右。植株生长势较强,坐果整齐一致,耐湿、耐弱光,抗病性较强。果实卵圆形,皮色灰黄,方格网纹密而凸,肉色橘红,质地细,稍紧脆,中心折光糖含量16%以上。单果重1.5~2千克。适合保护地栽培,采用单蔓整枝,一株留一果,坐果节位11~13节,整枝后及时涂药,以防蔓枯病发生。在网纹形成初期,注意控制水分,以免形成大的网纹影响外观。在横网纹形成期,适当增加水分供应。

5. 雪玫 新疆农业科学院哈密瓜研究中心选育。中熟杂交种,果实发育期 40 天左右。植株长势强,果实卵圆形,果皮白色,覆细密网纹。单果重 2.5 千克左右。果肉橘红色,肉质松脆,风味好,中心折光糖含量 16% 左右。坐果性能好,适应性强。

6. 绿玫　新疆农业科学院哈密瓜研究中心选育。中熟杂交种,果实发育期 48 天左右。植株长势强,果实椭圆形,果皮墨绿色或浅墨绿色,覆细密网纹。单果重 2～3 千克。果肉橘红色,肉质松脆,风味好,中心折光糖含量 16% 左右。坐果性能好,适应性强。

7. 白玫　新疆农业科学院哈密瓜研究中心选育。中熟杂交种,果实发育期 40 天左右。植株长势强,果实卵圆形,果皮白色,覆稀疏细网纹或光皮。单果重 2 千克左右。果肉浅橘红色,肉质松脆,风味好,中心折光糖含量 15% 左右。坐果性能好,适应性强。

8. 新白玫　新疆农业科学院园艺研究所育成。早熟,果实发育期 40 天。中抗白粉病和霜霉病。果实高圆形,成熟时乳白皮透红,果面有 10 条透明浅沟。果肉红色,内外皆美,肉质细脆,清甜爽口,中心折光糖含量平均 15.4%,成熟时不落蒂,贮放后仍不失脆爽风味。平均单果重 2 千克。

9. 黄醉仙　原名新密杂 9 号,新疆农业科学院园艺研究所育成。早熟杂交种。生长势强,对甜瓜疫霉病有一定的抗性。果实高圆形或圆形,果面金黄色,间或有稀网纹,果肉青白色,肉质细软,汁中有浓香,中心折光糖含量 15% 左右,高的可达 16% 以上。单果重 1.5 千克左右,大的可达 2.5 千克,每 667 米² 产量达 2 500 千克左右。

10. 皇后　新疆农业科学院园艺研究所与新疆葡萄瓜果开发研究中心合作育成。生育期 105 天左右,果实发育期 50 天左右。果实长棒形或长椭圆形,果形指数 2.1。单果重 3.5～4 千克。果柄不脱落,果皮黄色,未熟时带有绿色隐条,成熟后果面转变为艳丽的金黄色,网纹密布全果。果肉橘红,肉厚 4 厘米左右,细脆爽口,汁液中等,折光糖含量 15％以上。胎座充实,黏瓤,种子白色或浅黄色,千粒重 54.6 克。叶部病害较轻,皮质硬韧耐运输。单株结果 1～2 个,每 667 米² 产量 3 000～4 000 千克。对肥水要求高,果实膨大期如受旱,极易长成歪瓜。因外观艳丽,糖度高,产量高,吐哈盆地及北疆商品瓜基地大面积种植,每年 2 000～3 000 公顷,重点销往广东及南方各省,商品名称"金皇后"。

11. 皇妃 新疆农业科学院哈密瓜研究中心选育。中熟杂交种,果实发育期 45 天左右。植株长势强,果实长椭圆形,果皮黄色,覆细密网纹。单果重 2～3 千克。果肉橘红色,肉质松脆,风味好,中心折光糖含量 15％左右。坐果性能好,适应性强。

12. 长香玉 从台湾农友种苗公司引进。中早熟品种。温度适宜时,全生育期 95 天左右,从开花至采收 40 天左右。果实长椭圆形。果皮灰绿色,有白细网纹。果肉橙红色,肉质脆甜有香味,含糖量为 16％～18％。单果重 2～3 千克。不脱蒂,不裂果。

13. 新世纪 台湾农友种苗公司选育。全生育期为 85 天左右。植株生长健旺,耐低温,结果力强。果实为橄榄形或椭圆球形,成熟时果实淡黄色,有稀疏网纹。果肉厚,呈淡橙色,肉质脆嫩爽口,风味上佳,中心折光糖含量 14％左右。果硬,果蒂不易脱落,品质稳定,耐贮运,单果重 2 千克左右。

14. 新秀 从台湾农友种苗公司引进。早熟品种。长势强健,分枝力强,结果力强,栽培容易。果实椭圆形,单果重约 1 千克,最大的可达 1.5 千克。果皮未熟时为白色,成熟时转淡黄白色,果面光滑或有稀少网纹,且有不明显沟纹,外观美,惹人喜爱。开花后约 40 天成熟。果肉淡橙色,含糖量 13％～16％,肉质脆嫩多汁,风味好。适宜日光温室早春栽培和大棚秋延后栽培。

15. 天骄 从台湾农友种苗有限公司引进。生长势中等,雌花多,易坐果。全生育期 90～100 天,开花至成熟期 40～45 天。果实椭圆形,果皮灰绿色,网纹细密。单果重 1.3～1.8 千克。淡白绿肉,含糖量 14%～16%。肉质细软,汁水多,风味佳。低温期果型较小,适于温暖期及夏季栽培。

16. 雪里华 台湾农友种苗公司培育成的一代杂交种。晚熟种,从播种至果实成熟的全生育期,春作 110 天左右,秋作 85 天左右。果实发育期春作 50 天左右,秋作 42 天左右。生长势强,低温结果力甚强。果实高球形或长球形,成熟时果面呈浅黄白色,光滑亮丽可爱。平均单果重 1.5 千克,最大果重 3 千克。肉厚,浅橙色,肉质特别脆爽细嫩,糖度高而稳定,风味特别鲜美可口,果梗不易脱落,在低温或多湿期亦不易裂果,耐贮运,适于内外销。

17. 哈妹 中国农业科学院郑州果树研究所选育。全生育期 110～115 天。果实短椭圆形,果皮灰绿色覆有稀网,肉厚 4 厘米以上,折光糖含量为 15% 以上,口感细脆味美。单果重 1.5～2.3 千克。不落柄,货架期长。

18. 金帅 新疆宝丰种业有限责任公司选育。中早熟,全生育期 90 天左右。植株生长势中等,果实椭圆形,金黄果皮,中粗网密布全瓜,果肉橘黄色,肉质松脆,纤维少,汁多蜜甜,品质极佳,风味上等,可溶性固形物含量 16% 以上,综合抗性好。平均单果重 4 千克,最大可达 8 千克。

19. 银帅 新疆宝丰种业有限责任公司选育。中早熟品种,全生育期 85 天左右。白色果皮,粗密凸网密布全瓜,外观极美,果实椭圆形。橘黄色果肉,细脆多汁蜜甜,风味极好,中心可溶性固形物含量 16% 以上。单果重 4 千克以上,最大可达 8 千克。高抗白粉病和细菌性角斑病,耐潮湿,果实膨大快,易于栽培管理。适宜所有哈密瓜种植区和保护地栽培。

20. 西州蜜 17 号 新疆维吾尔自治区葡萄瓜果开发研究中心选育。全生育期在新疆郑善露地直播栽培 88～91 天,春季日光温室栽培 91～93 天,秋季日光温室栽培 93～95 天,果实发育期 50～57 天。果实椭圆形,黑麻绿底,网纹中密全,果形指数约为

1.39,单果重 2~2.5 千克。果肉橘红色,肉质细、脆,蜜甜、风味好,肉厚 3.2~4.7 厘米,中心可溶性固形物含量 15.2%~17%,品质稳定。抗蚜虫,抗病性较强,较耐贮运,适合我国南北方保护地或西北露地栽培。

21. 西州蜜 25 号 新疆维吾尔自治区葡萄瓜果开发研究中心选育。全生育期 80 天左右,果实发育期 40~45 天。雌花为两性花,第一雌花着生于 3 节子蔓上,此后雌花着生位不间断。极易坐果,一般选择在 9~12 节坐果。果实椭圆形,果形指数 1.22,平均单果重 2 千克。果皮覆绿色网纹,网纹细密全,果皮厚 0.5~0.8 厘米。果肉橘红,肉质细、松脆,肉厚 3.1~4.8 厘米。果实中心可溶性固形物含量 15.6%~18%,果实商品率 95% 左右。商品种子的种皮淡黄色,种子扁椭圆形,千粒重 32~34 克。植株生长健壮,较耐热耐湿。可在河北、河南、天津、陕西、宁夏、新疆、黑龙江、湖南、安徽、海南适宜地区作保护地种植。

二、薄皮甜瓜类型及优良品种

薄皮甜瓜起源于东亚,又称中国甜瓜,别名香瓜、梨瓜,主要分布在东亚季风区湿润多雨的省份,主产于东北、华北、江淮、长江流域、东南、华南等地。薄皮甜瓜株型较小,叶色深绿,小果型,一般单果重 0.3~1 千克,果皮光滑而薄,可连皮而食,肉厚 2 厘米左右,一般折光糖含量为 10%~13%,较抗病、耐湿、耐弱光,不耐贮运。以东北三省种植面积最大。薄皮甜瓜按果实皮色可分为以下 4 种类型。

(一)白皮类型

包括果皮为乳白色、白绿色或黄白色等类型品种,代表品种如下。

1. 红城 7 号 大民农业科学研究院育成。生育期 75 天左右,从开花至果实成熟 28 天左右。极易坐果,子、孙蔓均可结果。果实阔梨形,果实黄绿色,肉质甜脆,含糖量高达 16%。单果重 400～500 克,每 667 米² 产量 3 500～4 000 千克。棚室栽培较低温度下坐果率明显高于同类品种。露地、保护地均可栽培。2～4 叶定心,3～4 蔓整枝,每株留 3～4 个瓜。

2. 红城 10 号　大民农业科学研究院育成。中早熟,适宜温室、大棚栽培。全生育期 75 天左右,开花至果实成熟 28 天左右。长势旺,果实阔梨形,丰产。单果重 300～500 克,每 667 米² 产量 3 000～4 000 千克。果皮黄白略带淡绿,表现光滑,外形美观,商品性好,果肉白色,含糖量 15%,皮薄肉厚。植株抗逆性强,抗枯萎病,较抗炭疽病,耐贮运,棚室栽培较低温下坐果率明显高于其他同类品种,是大棚和日光温室栽培的理想品种。

3. 永甜 3 号　黑龙江省齐齐哈尔市永和甜瓜经济作物研究所选育的杂交种。平均单果重 0.35 千克。果实梨形,果皮白色,成熟后有黄晕,表面光滑,不裂果,无畸形果,肉质甜脆,适应性好。可溶性固形物含量平均 14.9%,最高可达 15.4%。商品性好,在自然室温条件下可存放 13～15 天,耐贮运性较突出。适于冷棚及露地栽培。

4. 永甜 7 号　黑龙江省齐齐哈尔市永和甜瓜经济作物研究所选育的杂交种。出苗至上市 56 天左右,属早熟品种。子蔓、孙蔓都能结果,坐果率高,果实生长发育均匀,上市集中,有利于下茬土地有效利用。果实梨形,成熟后黄白微绿色,色泽鲜艳,果形优美,商品性极佳,不裂果,无畸形果,耐运输,耐贮存。单果重 300～350 克。含糖量超过同类品种 20% 以上,而且香脆适口性好,在温差变化较小地区种植甜度优势更明显。每 667 米² 产量 3 500 千克左右,抗枯萎病能力优于其他品种。

5. 永甜 9 号　黑龙江省齐齐哈尔市永和甜瓜经济作物研究所选育的杂交种。早熟品种。子蔓结果能力强,坐果率高,果实生长发育均匀,白皮成熟后有黄晕。含糖量高达 8%,单果重为 400～500 克,每 667 米² 产量可达 3 500 千克左右。抗病能力强,特别抗病毒病。耐贮运性极好,在室内自然温度条件可存放 10 天不变质、不变味,商品性极好。

6. 永航 3 号　黑龙江省齐齐哈尔市永和甜瓜经济作物研究所选育的杂交种。早熟,出苗至收获上市 56 天左右。果实梨形,成熟后黄白微绿色,色泽鲜艳,果形优美,商品性极佳,不裂果,无畸形果,耐运输,耐贮存。单果重 300～350 克。含糖量超过同类品种 20% 以上,而且甜脆适口性特好,在温差变化较小地区种植甜度优势更明显。每 667 米² 产量 4 000 千克以上。抗枯萎病优于其他品种。

7. 京玉 268　国家蔬菜工程技术研究中心最新育成的高糖、高产、高抗的三高品种。单果重 0.5～1.3 千克。果实卵圆形。果皮晶莹剔透,洁白如玉,果肉乳白色,肉质细腻,风味清香淡雅,独特诱人。折光糖含量 15%～19%,抗白粉病、枯萎病,可重茬种植。早熟,比同类品种可提前 3～5 天成熟。该品种熟后不落蒂,货架期长,特耐贮运。

8. 京玉 352　国家蔬菜工程技术研究工程中心育成的一代杂交种。果实短卵圆形,白皮白肉。单果重 0.2～0.6 千克。折光糖含量 12%～15%,肉质嫩脆爽口,风味香甜。该品种适应性广,保护地及露地均可种植,特别适合休闲观光采摘。

9. 超早美玉 2 号　国家蔬菜工程技术研究中心最新育成的一代杂交种。果实短卵圆形,白皮白肉。单果重 0.2～0.6 千克。折光糖含量 11%～15%,肉质嫩脆爽口,风味香甜。该品种适应性广,保护地及露地均可种植,特别适合休闲观光采摘。

10. 白玉满堂　中国农业科学院郑州果树研究所育成的杂交一代。果皮白色,果肉白色,果实圆梨形,果实发育期 28～33 天,品质较优,中心可溶性固形物含量 13.1%～14.8%。单果重

0.38～0.44 千克。田间抗性表现较好,适应地区较广。

11. 京脆香园 北京市农业技术推广站选育。植株生长势稳健,耐低温弱光,适应性广。雌花开花后 30 天左右成熟。果实梨形,果皮成熟时绿白色。果肉白色,肉厚约 2 厘米,中心可溶性固形物含量 13%～15%,肉质细腻,口感清香脆甜。单果重 350～400 克,果实均匀整齐,不易落蒂。子蔓、孙蔓均可坐果,抗逆性较强。适合保护地栽培。

12. 京蜜 11 号 北京市农业技术推广站选育。早熟、丰产、稳产。正常气候条件下,从开花至果实成熟 28 天左右。抗病、耐湿、耐低温,适合春秋季保护地栽培。植株长势强健,单果重 350～400 克。果实梨形,成熟时玉白色,外观娇美、艳丽光洁。果肉白色,肉厚腔小。肉质细腻,甜脆适口,风味纯正,口感极佳,折光糖含量 14%～16%。不脱蒂、不裂果,子蔓、孙蔓均可坐果。

13. 京香 2 号 北京博瑞福农业技术发展有限公司产品。生育期 65～70 天,开花至成熟 28 天左右。果实阔梨形,熟时果皮黄白色,有光泽。肉厚 1.5～2 厘米,甜脆适口,香味浓郁,含糖量 14%～16%,抗病性强,丰产性好,耐贮运。单果重 250～500 克,大的可达 750 克。每 667 米² 产量 3 500～4 000 千克。

14. 京香 8 号 北京博瑞福农业技术发展有限公司选育的一代杂交种。全生育期 65～70 天,开花至成熟 28 天左右。坐果率极高,成熟期较集中,瓜阔梨形,熟时瓜皮黄白色,有光泽,肉厚 1.5～2 厘米,甜脆适口,香味浓郁,含糖量 14%～16%,抗病性强,丰产性好,耐贮运。单果重 250～500 克。每 667 米² 产量 3 500～4 000 千克。亲和力极强,是常规种植及嫁接种植的首选品种。

15. 清甜 2 号 河南省庆发种业有限公司培育的特早熟一代杂交种。结瓜早,易坐果,丰产性好,外观美,品质佳,抗病能力强。主蔓、子蔓、孙蔓均可结瓜,注意疏除基部根瓜,易管理。果实梨形,果皮雪白,可溶性固形物含量 13%。单果重 500 克左右,大果可达 750 克以上。九成熟采摘风味更佳,适宜露地、保护地栽培,每 667 米² 产量可达 4 000 千克。

16. 长甜 1 号 长春市大富农种苗科贸有限公司培育。以子蔓结瓜为主,子蔓 1～2 节常连续坐瓜。极易坐果,单株可结果5～8 个。单果重 380～450 克。全生育期 60 天左右,果实发育期 25 天左右,早熟。果实高圆形,果皮由深绿转成黄白色,有光泽,外观美,易转色,生熟易辨认。果肉白色,肉质细脆,中心可溶性固形物含量达 11.2%～13.5%,香味浓,品质佳。果实耐贮运,不易烂瓜裂果,商品性好,耐弱光低温。露地栽培每 667 米² 产量 2 200～2 600 千克。适于华北、东北、西北等地栽培。

17. 景蜜糖王 A-88 景丰农业高新技术开发有限公司生产。早熟高产,耐低温弱光,从开花至果实成熟 25 天左右,采收集中,前期产量比同类品种高 50% 以上。果实阔梨形,成熟时果皮白绿微黄,皮亮有光泽,含糖量最高可达 18%,清香诱人,甘甜润口,肉质细腻,不倒瓤,耐贮运。坐果率高,子蔓、孙蔓均可结果。单果重 350～500 克。每 667 米² 产量 4 500 千克左右。植株长势健壮,抗干旱,节间短,不徒长,抗病性极强,耐霜霉病、白粉病、病毒病。适宜保护地嫁接栽培。

18. 富尔十五 齐齐哈尔市富尔农艺有限公司培育。以子蔓结果为主,单株结果 8～10 个。幼果深绿色,成熟果椭圆形,黄白色果间绿色条纹,转色快,着色好,果皮韧性强,不易擦伤,果肉甜脆,含糖量 19%,香味较浓,适口性特好。单果重 350～500 克,抗病能力强于当前主栽品种。适合京津、河北、辽宁、山东棚室吊蔓栽培,每 667 米² 产量 4 500～5 000 千克。抗枯萎病优于其他品种,是北方地区温室和大拱棚栽培的首选品种。

19. 津甜 1 号 天津科润蔬菜研究所选育。植株长势旺,孙蔓结果,果实梨形,果皮白绿色,果面有浅条纹,成熟后略变黄。肉色浅绿,肉厚 2 厘米左右。肉质细腻,口感酥脆,含糖量 15% 以上。单果重 400～600 克。果实发育期 28～30 天,每株结瓜 3～5 个,成熟后不掉把。品种适应性好,对枯萎病、炭疽病有较高的抗性,一般土壤均可种植,沙壤土最好。每 667 米² 产量达 1 500～1 800 千克。适用于小拱棚、地膜覆盖及露地栽培。

20. 津甜 100 天津科润农业科技股份有限公司蔬菜研究所培育的杂交一代。植株长势较旺,对保护地前期低温有较强的耐性。以孙蔓结果为主。果实矮梨形,果实成熟期 30 天左右,单果重 400～600 克。果皮白色,成熟后微有黄晕,果面光洁。果肉白色,平均可溶性固形物含量 16.6% 以上,肉质脆,香味浓郁,口感风味俱佳。

21. 中蜜 201 中国农业科学院蔬菜花卉研究所选育。果皮白色,梨形,果肉白色,脆甜,含糖量 13% 以上,单果重 400 克左右。孙蔓结瓜,早熟,授粉后 28～30 天成熟。抗性好。

22. 星甜 1 号 石家庄双星科技有限公司选育。早熟品种,全生育期 65 天左右,保护地种植,全生育期略长。耐贮运,商品性好,果实梨形,表面光滑洁白,成熟后有黄晕,果形端正,整齐一致。单果重 500～700 克。大小适中,果皮薄且韧,耐贮藏运输。果肉乳白色,比一般薄皮甜瓜肉厚 1 倍,达 2～3 厘米,肉质酥脆细甜,汁水丰多爽口,香气浓郁,口感极好,品位高雅,含糖量高,一般在 16% 以上,最高达 19%,堪称甜瓜中的极品。在大棚温室立架栽培条件下,每 667 米² 定植 2 000～2 500 株,每株可同时结果 2～3 个,温室可结 3 茬果,大棚可结 2 茬果,每株共结果 4～9 个,单果重 0.5～0.6 千克,每 667 米² 产量 4 000 千克左右。

23. 双星 13 号 石家庄双星科技有限公司选育的杂交一代。植株长势中等,坐果率极高,28 天左右成熟。丰产性能好,抗病力特别强,对枯萎病、叶枯病、角斑病、霜霉病有特殊抗体,可连续多茬种植。果皮白色,梨形,中熟。肉质脆甜不裂果,含糖量 15% 以上,商品性好,耐贮运。单果重 350～400 克,每 667 米² 产量 4 000～

6 500千克,是温室早棚种植的首选品种。适宜保护地及露地栽培,定植后单蔓整枝,吊秧栽培,每667米² 栽3 500~4 000株,子蔓、孙蔓均可结果,5片叶以上留果,每株留5~6个果,多施腐熟农家肥和磷、钾肥,以获得更高产量。华北地区保护地栽培播种期日光温室12月下旬至翌年1月上旬,春大棚2月中下旬育苗,苗龄25~30天;露地栽培可参照当地瓜类播种期。建议重施基肥,不宜重茬。整枝方式简便,可摘心匍匐爬地栽培,也可采用立架方式,栽培密度不宜过大,每667米² 单蔓整枝以2 000~2 200株为宜,双蔓、三蔓整枝适当减半。坐果前严格控制植株长势,防止长势过旺。单蔓整枝,在主蔓10~16节位的子蔓坐果,子蔓瓜前留1~2叶摘心。主蔓22~24叶摘心。待果实鸡蛋大小时疏果,每株选留3~4果,留果数多少依长势、采收期早晚而异。采收前7~10天停止灌水。

24. 鼎甜雪丽 常德市鼎牌种苗有限公司培育。果实高圆形,丰满,齐整,果皮、果肉似白雪。甜度高达17°,特甜,特脆,不裂果,耐运输,单果重500~600克。

25. 浓香118 常德市鼎牌种苗有限公司培育。果实圆球形,果皮、果肉嫩绿。甜度高达17°,特别是香味浓,又称"满屋香"。不裂果,耐运输,单果重500~600克。

26. 龙甜1号 黑龙江省农业科学院园艺研究所培育。早熟品种,全生育期70~80天。果实近圆形,幼果果皮呈绿色,成熟时转为黄白色,果面光滑有光泽,有10条纵沟,平均单果重500克。果肉黄白色,肉厚2~2.5厘米。质地细脆,味香甜。折光糖含量12%,高者达17%,品质上等。单株结果3~5个,每667米² 产量2 000~2 500千克。主栽地区为黑龙江、吉林、辽宁三省,山西、天津、山东、内蒙古各省、自治区、直辖市也有大面积栽培。

27. 龙甜3号 黑龙江省农业科学院园艺研究所选育,原代号为7920。生育期75~85天,子蔓、孙蔓均可结果,一般每株结3~

5 个果,果实成熟时浅黄色,带白道。果肉白色,肉质轻微沙点,香味浓,外观美。一般单果重 0.5 千克左右。含糖量 12% 以上,每 667 米² 产量 2 500 千克左右。

28. 齐甜 1 号　黑龙江省齐齐哈尔市蔬菜研究所培育。早熟,生育期 75～85 天。果实长梨形,幼果绿色,成熟时转为绿白色或黄白色,果面有浅沟,果柄不脱落。果肉绿白色,瓤浅粉色,肉厚 1.9 厘米,质地脆甜,浓香适口,折光糖含量 13% 以上,高者达 16%,品质上等。单果重 300～400 克,每 667 米² 产量 1 500～2 000 千克,已在东北三省推广。

29. 齐甜 5 号　黑龙江省齐齐哈尔市蔬菜研究所选育。果实椭圆形,瓜绿色,成熟时黄白色,表皮光滑,肉白绿色,甜脆清香。平均单果重 496 克,每公顷产量 25 000 千克左右。

30. 运蜜一号　山西省运城地区薄皮甜瓜新品种选育协作组育成。具有早熟性和丰产性,又有比白沙蜜甜瓜优良的风味及适口性,皮薄,味甜,产量高,结果早,易结果,易管理。果实卵圆形,成熟瓜绿里透黄,果肉绿白色,肉厚腔小,质地酥脆,瓜味清香,含糖量 14%～16%。单果重一般 500 克左右,大果可达 750 克以上。九成熟采摘最佳,一般每 667 米² 产量 2 500～3 000 千克,高产可达 4 000 千克。抗病能力强。

31. 益都银瓜　清朝光绪末年引入山东益都(今山东青州市),盛产于弥河两岸沙滩地。生产上有大银瓜、小银瓜、火银瓜之分,而以大银瓜种植面积最大。大银瓜属中熟种,生育期约 90 天,果实发育期 30～32 天。果实圆筒形,顶端稍大,中部果面略有棱状突起。单果重 0.6～2 千克,果皮白色或黄白色,白肉。肉厚 2～3.5 厘米,果肉细嫩脆甜,清香,折光糖含量 10%～13%,品质极优,较抗枯萎病,但不耐贮运。种子白色,千粒重 14 克,丰产性好。每 667 米² 产量 2 000～2 500 千克,过去为内外销佳品。

32. 梨瓜(雪梨瓜)　浙江地方品种。中熟,生育期约 90 天。

果实扁圆形或圆形,顶部稍大,果面光滑,近脐处有浅沟,脐大,平或稍凹入。单果重 350～600 克。幼果期果皮浅绿色,成熟后转白色或绿白色。果肉白色,肉厚 2～2.5 厘米,质脆,味甜多汁,风味似雪梨,故又名雪梨瓜。折光糖含量 12％～13％,高者 16％。种子白色,千粒重 13.6 克。丰产性好,每 667 米² 产量 2 000 千克。适于江西、浙江、江苏等地栽培,是长江中下游地区的主栽品种,以江西上饶梨瓜最著名。

33. 白兔娃 陕西地方种。中熟,生育期约 90 天,果实发育期 33～35 天。果实长圆筒形,蒂部稍小,果皮白色或微带黄绿色,果面较光滑。单果重 400～800 克。果肉白色,肉厚 2 厘米左右。质脆,过熟则变软,果柄自然脱落。折光糖含量 13％,品质中上等,种子白色。每 667 米² 产量 1 500～2 500 千克,为陕西关中地区的主栽品种。

34. 华南 108 广东省广州市果蔬研究所选育。中熟,生育期约 90 天。果实扁圆形,顶端稍大,果脐大,脐部有 10 条放射状短浅沟,果皮白绿色,成熟时转白带微黄色,果面光滑。单果重 500～700 克。果肉白绿色或黄绿色,肉厚 1.8 厘米,肉质沙脆适中,带蜜糖味,香甜可口,折光糖含量 13％以上,高者 16％,种子黄白色。适应性广,耐运输。湖南省农业科学院园艺研究所曾在常德地区西湖农场大面积繁种推广。适应性强,南北均可栽培,是当前栽培面积较大的品种之一。

35. 台湾蜜 由台湾引进。早熟,在吉林生育期 70 天左右。果实阔圆形,四心室,幼果绿色,成熟后转黄白色,有 10 条道纹。果肉黄白色,肉厚 1.8～1.9 厘米。肉质脆甜,折光糖含量 12％～16％。瓤橘黄色,种子黄白色,千粒重 13.6 克。单果重 260～350克,单株结果 4～5 个。每 667 米² 产量 2 500～3 500 千克,东北三省均有种植。

36. 铁把青 东北地方品种。早、中熟,全生育期 80 天左右。

单果重 0.32~0.35 千克。果实卵形,果皮白绿色,有浅沟,皮脆而薄。果肉白色,肉质甜脆,折光糖含量 13%~15%。一般单株结果 3~5 个,抗病,较丰产,每 667 米^2 产量 1 500~1 700 千克。因其品质极佳,是东北农民比较喜欢种植的地方品种之一。

37. 蜜糖罐　原产华南,耐湿、耐热且抗霜霉病,有较强的耐病毒能力。早年为日本引进而成为重要抗源,先后培育出多抗的厚皮甜瓜品种安浓 1 号、2 号、3 号等。该品种中熟,果实扁圆形。果皮乳白或白色,脐中等大小。果肉乳白色,肉厚 2 厘米左右,质地脆、汁多、味淡。折光糖含量 9% 左右。

38. 银辉　台湾农友种苗公司育成。早熟,全生育期约 78 天。果实略呈扁圆,果皮绿白色,果肉淡绿白色,肉厚 2 厘米左右,肉质松脆细嫩,折光糖含量为 13%~17%。单果重 0.4 千克左右。果柄不易脱落,不易裂果。是我国台湾地区栽培面积较大的薄皮甜瓜品种,在大陆也有栽培。

39. 白玉　台湾农友种苗公司育成的一代杂种。早熟品种。生长强健、耐热、耐湿,结果力特强,产量高。果实微椭球形。成熟时皮色呈银白色而稍带黄色,形色美丽,极受市场欢迎,成熟时果蒂不易脱落,不易裂果。单果重 0.4 千克左右,大小整齐。肉色淡白绿,肉质细嫩,疏松爽口,折光糖含量 13%~17%,品质优良而且稳定。抗蔓枯病及病毒病。

(二)黄皮类型

该类型包括果皮呈黄色或金黄色有银色棱沟的品种。

1. 黄金瓜　浙江农家品种。早熟,生育期约 75 天。果实圆筒形,脐部略大,果形指数 1.4~1.5。皮色金黄,表面平滑,近脐处具不明显浅沟,脐小,皮薄。果肉白色,厚 2 厘米,质脆细,折光糖含量 12%,品质中上等,较耐贮藏。单果重 400~500 克。本品种抗热,耐湿。上海、杭州、扬州等地都有栽培。

2. 十棱黄金瓜　又名黄十条筋,江浙地方品种。早熟,生育期70~80天。果实椭圆形,果形指数1.3~1.4。皮色金黄,果面有10条白色棱沟,脐小而平,皮薄而韧。单果重300~400克。果肉白色,肉厚1.5~1.8厘米,质脆味香,品质佳,折光糖含量11%。不耐贮运,易裂瓜。上海、苏南地区及浙江嘉兴县一带均有栽培。

3. 黄金坠 河南开封地方品种。早熟,生育期80天左右。果实椭圆形,果形指数1.2~1.3,皮色金黄,果面光滑。单果重400~650克。果肉白色,肉厚2.4厘米左右,肉质酥脆,汁多香甜,折光糖含量12%,品质上等,种子红色。

4. 喇嘛黄 山东地方品种。早熟,生育期约82天。果实长卵形,果皮黄色,表面光滑有浅沟。单果重450~700克。果肉乳白色,肉厚2.5厘米左右,肉质脆。折光糖含量11%~13%,品质中等,种瓤橘黄色,种子浅黄色,千粒重18克。在东北、华北、山东、河南等地均有种植。

5. 荆农4号 湖北省荆州地区农业科学研究所培育。中早熟,生育期约85天。果实短筒形,单果重500~700克。果皮黄色,有10条白绿色浅纵沟,皮薄而韧。果肉黄白色,肉厚2厘米左右,细脆味甜,折光糖含量13%以上,高者16%,品质上等。胎座及种子均为黄白色,千粒重15.6克。耐涝,抗旱,抗病,丰产性好,每667米² 产量2 000~2 500千克。适应性广,在华中、华东、华北等地种植面积较大。

6. 黄金蜜翠 江苏省农业科学院蔬菜研究所培育的一代杂种。早熟品种,生育期75天左右,雌花开放后28天左右成熟。果实长圆筒形。单果重400~500克。成熟时果皮金黄、光滑美艳,无条带。果肉雪白脆嫩,肉厚2厘米左右,中心糖含量11%~12%,气味芳香,风味佳良。果实耐运输。种子乳白色,千粒重10~11克。采收时期以果皮由淡黄色转变成金黄色并散发香气为宜。适于江苏、浙江、安徽等华东地区传统香瓜产区春季地膜覆盖栽培,亦适合于小棚覆盖栽培。

7. 甘黄金　甘肃农业科学院蔬菜研究所育成的一代杂种。全生育期 90～100 天。单果重 0.4～0.8 千克,最大 1.1 千克,每 667 米² 产量 2 000～2 500 千克。生长健壮,抗病力及适应性强,高产稳产。果实长椭球形,皮金黄美观,含糖量高,折光糖含量 14.7%。肉质酥脆、多汁,风味纯正,品质上等。较耐贮运,适宜在甘肃、青海、宁夏等地种植。

8. 丰甜 1 号　安徽省合肥市种子公司选育。极早熟,全生育期 80 天左右,果实发育期 28 天左右。植株长势中等,子蔓、孙蔓均可坐果,以孙蔓坐果为主。果实椭圆形,果面上有 10 条银白色棱沟。成熟时果皮金黄色,果脐极小,外形美观。果肉白色、致密,肉厚 3 厘米左右,折光糖含量为 14% 左右。肉质清香纯正,脆甜爽口。单果重 1 千克左右。大棚、小拱棚、露地均可栽培。

9. 中甜 1 号　中国农业科学院郑州果树研究所选育。全生育期 85～88 天。果实长椭圆形,果皮黄色,上有 10 条银白色纵沟。果肉白色,肉厚 3.1 厘米左右,肉质细脆爽口,折光糖含量为 13.5%～15.5%。单果重 0.8～1.2 千克。每 667 米² 产量 2 500～3 500 千克。子蔓、孙蔓均可结果。耐贮运性好,抗病性强,适应性极广。适于露地地膜覆盖、小拱棚、大棚及日光温室保护地栽培,也可进行秋季反季节栽培。

10. 黄金 9 号　自日本米可多公司引进。育种材料来自我国黄金瓜类型,经多年选育而成。早熟,金黄色,色泽艳丽。果面光滑,外观美,果形与黄金瓜相似,长圆筒形。耐湿且抗白粉病,是重要的育种亲本。单果重 0.3～0.5 千克。折光糖含量 11%～12%,个别可达 14%。果肉乳白色,肉厚 1.6～1.8 厘米。采收若不及时,会出现少量裂果。

11. 金辉　台湾农友种苗公司配制的一代杂交种。特早熟。果实椭圆形,皮色金黄艳丽,色泽均匀,果皮光滑,不易发生污点。

单果重 0.4～0.5 千克。果肉白色,肉厚 2 厘米左右,质脆、爽口,成熟时有芳香。折光糖含量 11％。耐湿,耐热,结果力强,产量较高。

12. 金玉 台湾农友种苗公司育成的一代杂种。特早熟。为皮色金黄亮丽的黄香瓜,耐热、耐湿、产量高、稳定。果实椭圆形,果面不易发生污点症。平均单果重 0.4 千克。果肉白而厚,香甜脆爽。抗蔓枯病。

13. 金满地 由韩国引进。果实金黄色,白条带,果肉白色,含糖量 12％。单果重 500～800 克,最重 1 000 克。80 天左右成熟,香味浓。每 667 米^2 产量 4 000 千克左右,植株生长势极强,抗病性强。

14. 京玉 415 国家蔬菜工程技术研究中心选育。果皮绿黄色,果肉白绿色。北京地区单果重 0.3～0.6 千克。高糖,折光糖含量 13％～16％。肉质细嫩,香甜爽口。早熟,比同类品种早熟 5～7 天。易坐果,不易倒瓤,较耐贮运。适应性广,保护地及露地均可种植,特别适合休闲观光采摘。华北地区播种期日光温室 12 月下旬至翌年 1 月上旬;春大棚 2 月中下旬育苗,苗龄 25～30 天;露地栽培可参照当地瓜类播种期。建议重施基肥,不宜重茬。整枝方式简便,可摘心匍匐爬地栽培,也可采用立架方式,栽培密度不宜过大,每 667 米^2 单蔓整枝以 2 000～2 200 株为宜,双蔓、三蔓整枝适当减半。子蔓、孙蔓均可坐果。坐果前严格控制植株长势,防止长势过旺,适时采收。采收前 7～10 天停止灌水,防止裂果。

15. 中原金玲 郑州中原西甜瓜研究所最新育成。早熟,生育期约 65 天,果实发育天数 25 天左右。果实圆形,果皮金黄色,果肉白色。表面平滑,光洁整齐,外观亮丽,商品性状绝佳,是高档瓜果之珍品。肉质脆甜,香味浓。果肉厚,种腔较小,折光糖含量 16％～18％,品质佳。单果重 400～700 克。坐果率高,连续结果能力强,单株结果可达 8～10 个。一般每 667 米^2 产量 3 000 千克左右。不裂果,皮薄耐运输,适合各种保护地和露地栽培。

16. 金妃 黑龙江省农业科学院大庆分院选育的杂交种。子蔓、孙蔓均可结果,结果能力强,每株结果 6～8 个。成熟果长圆形,黄白色,覆绿色条纹,具有传统薄皮甜瓜特有的清香气。可溶性固形物含量 11.2%,单果重 500 克左右,露地栽培每 667 米² 产量 2 000 千克左右。

17. 新丰甜 1 号 安徽省丰乐股份公司选育的杂交一代。极早熟,雌花开放至果实成熟 32 天左右。果实椭圆形,果皮金黄色,外观艳丽,果形整齐一致。果肉白色,厚 3.1～3.3 厘米,质地细脆,汁多味甜,可溶性固形物含量 14%～16%。不落果,不裂果,极耐贮运。平均单果重 1.5 千克,每 667 米² 产量 2 500 千克左右。长势强,抗性强,适应性广,易坐果,极耐低温弱光。全国薄皮甜瓜露地种植地区都可以种植,更适于日光温室、大棚和简易保护地栽培。

(三)绿皮类型

为果皮绿色、灰绿色或墨绿色品种。

1. 羊角脆 华北地区地方品种。早中熟,生育期 85 天左右。果实长锥形,脐端大,柄端稍细而尖,弯曲似羊角,果形指数 2.1。单果重 650 克左右。果皮灰绿,肉色淡绿,肉厚 2 厘米左右,质地松脆,汁多清甜,折光糖含量 11%,品质中上等。每 667 米² 产量约 1 500 千克,主要在华北地区种植。

2. 王海瓜 河南省地方良种。中晚熟,生育期约 90 天。果实筒形。深绿皮具有 10 条淡黄色浅纵沟,果脐大。平均单果重 600 克,最大可达 800 克。果肉白色,肉厚 2 厘米左右,质地细脆,多汁味甜、浓香,折光糖含量 12%～15%,最高达 17%,风味好,品质上等,耐贮运。在江淮以北各省种植,河南、陕西等地种植面积较大。

3. 海冬青 上海郊区优良地方品种。中熟偏晚,生育期 90

多天。果实长卵形,果形指数 1.5 左右。单果重约 500 克。皮灰绿色,间有白斑,果面平滑,脐小。绿肉,肉厚约 2 厘米,味甜质脆,折光糖含量 10% 以上,品质优良。胎座浅黄色,种子千粒重 10 克。上海嘉定、浦东及浙江湖州、宁波普遍栽培。

4. 青平头　陕西省地方品种。中熟,生育期 85～90 天。果实长卵形,顶部大而平。果面灰绿、覆细绿点,并有 10 条灰白色较窄浅沟。单果重约 500 克。果肉淡绿色,肉厚 2.5 厘米左右,肉质细脆,多汁,清甜,品质上等,折光糖含量 14%。种子千粒重 19 克。为陕西关中地区的主栽品种,东北各地也有零星种植。

5. 灰鼠子　东北地方品种。中熟。果实长卵形,纵径约 18 厘米,横径约 7 厘米,瓜皮灰绿色,果面光滑,果肉绿色,质地松脆味甜多汁,品质较好,单株结果 2～3 个。

6. 九道青　安徽省地方品种。中熟,生育期约 90 天。果长卵形,顶部稍宽,脐大略陷。瓜柄细,单果重 600～1 000 克。皮深绿色有 10 条淡绿色浅沟。肉绿白色,质脆较甜,折光糖含量 12% 左右,品质中上等,产量高。分布于安徽的淮北及黄河故道一带。

7. 金塔寺　兰州市地方品种。中晚熟,在兰州生育期 90～100 天。果实卵圆形,果形指数 1.1。单果重 500 克左右,最大单果重 600 克。果皮灰绿,成熟后有黄晕,果脐大而突起,近脐部有 10 条纵沟。果肉浅绿色,皮薄质脆,汁多味甜,微香,折光糖含量 10% 左右。品质上等,胎座绿黄色。种子浅黄色,小似米粒,千粒重 8.5 克,单果种子数 550 粒左右。单株坐果 2～4 个,每 667 米^2 产量约 1 500 千克。分布于甘肃省的兰州、金塔、张掖、武威等地。

8. 日本甜宝　从日本引进。早熟,雌花开放至果实成熟 30～32 天,全生育期 80～85 天。单果重 400～450 克。果实圆球形,果皮淡绿色,充分成熟后略变黄色,果肉淡绿色,折光糖含量为 17%,品质极优,脆甜可口。易坐果,果实整齐度好,生长势强,产量高,耐高温高湿,抗病性和适应性强,容易栽培。

9. 清甜 中国农业科学院郑州果树研究所选育。果实圆梨形,成熟时绿皮上有黄晕,果肉绿色,果实整齐度好,商品率高,不裂果。单果重0.5~1千克。折光糖含量为15%以上,口感清香脆甜,果皮较韧。在薄皮甜瓜中属于耐贮运品种,且具有耐湿、抗病性强、耐瘠薄等薄皮甜瓜所具有的突出优点。

10. 盛开花 山西省地方品种。早熟、高产、生长势旺,易坐果,坐果23天左右即可成熟。皮色浅绿色,果肉黄绿色,酥脆适口。单果重0.8~1千克,是一个不可多得的优质、早熟性状为一体的优良薄皮甜瓜品种。

11. 景甜1号 黑龙江省景丰农业集团育成。果实长圆形,绿色,肉厚4厘米左右,可溶性固形物含量15%~16%。单果重约1千克。贮藏期20~30天,每667米² 产量2 000~2 500千克。

12. 芝麻蜜 东北地方品种。因其果实甜、种子极小似芝麻粒而得名。早熟,全生育期60天左右。植株长势稳健,结果性强。单果重250~500克。果实高圆形,灰绿色,有8条棱沟,果肉橙红色,含糖量13%~16%,口感松脆芳香,适宜露地和保护地栽培。

13. 王子二号 大富农种苗公司选育。植株长势强健,蔓粗叶大,抗病性超强。易坐果,单株结果4~6个,单果重1~1.5千克,产量高。孙蔓结果为主,果实生长迅速,开花后28天左右成熟。果实长椭圆形,浅灰绿麻色,光滑丰美,新颖独特。肉厚达3.5厘米,翡翠绿色。质松嫩细甜,香甜如蜜,含糖量15%~18%,最高达19%,并有蜜瓜风味,罢园尾瓜仍很甜美。

14. 清香玉 合肥江淮园艺研究所经销。早熟,长势旺,雌花开放至果实成熟25天左右。果实近圆球形至梨形,果皮绿色,肉质松甜,香味浓,口感极佳,可溶性固形物含量16%左右。平均单果重0.6千克,每667米² 产量1 500千克左右。全国各地均可露地栽培。

15. 中原绿宝石2号 郑州中原西甜瓜研究所选育。早熟。植株生长健壮,子蔓结果早,子蔓、孙蔓均可结果,果实成熟28天左右。果实整齐一致,商品率高。果实近似圆苹果形,果面光滑、翠绿或灰绿色。果肉色绿,肉厚,肉质细脆多汁,香甜适口,含糖量16%～18%。单果重500～700克。单株结果5～10个,每667米²产量2 500～3 000千克。八成熟即可采摘。耐运输、耐贮藏,货架期长。适应性广,抗逆性强,适宜南北方露地及各种保护地栽培。

16. 京玉绿宝 北京市农林科学院蔬菜研究中心选育的杂交一代。植株生长势强,果实近圆形,果皮深绿色,果面光滑无棱,果肉浅绿色。单果重200～400克,可溶性固形物含量11%～14%。子蔓、孙蔓均可坐果,果实不易落蒂,抗逆性较强,试验中早期产量比同类型品种增产10%左右。

17. 翠绿酥宝(吉创22号) 吉林省德惠市河山农业开发有限公司产品。长势强,抗病,不早衰。单果重400～800克。开花至采收28天左右。果实高圆形。果皮绿色,果面光亮,有深青暗条纹。可溶性固形物含量12%～16%,口感甜度19°～20°。果皮薄,果肉酥脆,口感极为脆爽香甜,风味绝佳。适于辽宁、河北等地温室、大棚吊蔓栽培。

18. 大脆宝(吉创24号) 吉林省德惠市河山农业开发有限公司产品。为吴起顺教授选育的大果、深绿、抗裂、耐运输换代品种。长势强,抗枯萎病、蔓枯病、霜霉病等病害,不早衰,不死秧。开花至采收25～30天。单果重400～800克。果实高圆形。熟前果皮灰绿,最佳采收期绿白色,过熟深绿色。果面光亮,偶有深青条纹。可溶性固形物含量12%～18%,口感甜度20°,脆爽香甜,风味绝佳。耐运输,商品性好。适于辽宁、河北、山东、安徽、江苏、河南等地温室、大棚吊蔓栽培。

19. 光滑绿脆宝(吉创30号) 吉林省德惠市河山农业开发有限公司产品。具有大果、深绿、果面光滑、耐运输等特点。长势强,抗枯萎病、蔓枯病、霜霉病等病害,不死秧,不早衰。单果重

400～800克。开花至采收28～30天。果实高圆形。熟前果皮灰绿,最佳采收期绿白色,过熟深绿色,果面光亮。可溶性固形物含量12%～18%,口感甜度20°,脆爽香甜,风味绝佳。耐运输,商品性好。适于辽宁、河北、山东、安徽、江苏、河南等地温室、大棚吊蔓栽培。

20. 豫甜脆宝　河南豫艺种业科技发展有限公司选育。极早熟,全生育期95天左右,果实发育期25天左右。植株长势稳健,叶片大小中等。果实大梨形,绿皮绿肉,果肉厚、翠绿晶亮,酥脆清香可口,口感品质优。中心可溶性固形物含量可达14%。单果重400～600克,每667米² 产量可达2 500千克。

21. 翠宝香瓜(日本香玉)　从日本引进的杂交一代。早熟,丰产,生育期100天左右。植株长势健壮,抗寒、抗病、抗逆能力强,坐果性好。果实发育期26～35天,果实高圆形,成熟果浅绿色,有深绿色瓣状条纹,无棱沟,果面光滑无蜡粉。果肉绿色,肉厚2.8厘米左右,脆嫩香。

22. 翠玉　从韩国引进。植株长势健壮,适应性广,抗寒、抗病、抗逆能力强。早熟,从出苗至采收52天左右,比普通翠宝产量高40%。成熟时表皮光滑艳丽,翠绿色,果肉绿色,肉厚2.8厘米左右,肉质细嫩脆,味香质甜,中心含糖量17%～21%。单果重250～500克。一般每667米² 产量4 000千克左右,高产可达5 000千克以上。皮薄质韧耐运输,保鲜长,不裂果。

23. 冰翡翠　长春大富农种苗科贸有限公司选育。植株生长健壮,抗病抗逆性强,不易早衰,以孙蔓结果为主,生育期65天左右,可采摘期长。果实是独特的圆苹果形,深灰绿色,偶有青肩纹,外表光亮,外观高贵典雅,高度整齐一致。单果重0.4～0.6千克,单株结果6个左右。果肉碧绿,肉厚2.6厘米左右,细脆酥爽可口,清新飘香,含糖量17%。果柄不易自动脱落,栽培简易,高产稳产。耐低温弱光性强,贮运性良好。全国大部分地区均可栽培。

24. 冰翡翠Ⅱ 长春大富农种苗科贸有限公司选育。植株生长健壮,较抗枯萎病、蔓枯病,不早衰,子蔓、孙蔓结果,果实成熟期30天左右,糖分积累早,利于集中采摘。果实圆形绿色,成熟时深绿光亮,整齐。单果重0.4～0.6千克,单株结果5～8个,不易脱蒂。果肉碧绿,肉厚2.5厘米左右,折光糖含量15%～18%,生瓜不苦,极为细嫩可口,香甜飘香。果实皮薄嫩、耐贮运,不易裂果,适于三北地区以及长江流域、华东、西南、华南地区广泛栽培。生态适应性广泛,耐低温弱光,耐湿耐高温。

25. 翠宝 长春大富农种苗科贸有限公司选育。植株生长健壮,抗病抗逆性强,不易早衰,以孙蔓结果为主,生育期65天左右,可采摘期长。果实是独特的圆苹果形,深灰绿色,偶有青肩纹,外表光亮,高度整齐一致,单果重0.4～0.6千克,单株结果6个左右。果肉碧绿,肉厚2.6厘米左右,质地细脆酥爽可口,清新飘香,含糖量17%。果柄不易自动脱落,栽培简易。耐低温弱光性强,贮运性良好,全国大部分地区均可栽培。

26. 翡翠宝石 长春大富农种苗科贸有限公司选育。植株生长健壮,抗病抗逆性强,不易早衰,以孙蔓结果为主,生育期65天左右,可采摘期长。果实是独特的圆苹果形,深灰绿色,偶有青肩纹,外表光亮,高度整齐一致。单果重0.4～0.6千克,单株结果6个左右。果肉碧绿,肉厚2.6厘米左右,质地细脆酥爽可口,清新飘香,含糖量17%。果柄不易自动脱落,栽培简易,高产稳产。耐低温弱光性强,贮运性良好。全国大部分地区均可栽培。

27. 翡翠王子 长春大富农种苗科贸有限公司选育。植株长势强健,蔓粗叶大,抗病性超强。易坐果,单株结果4～6个,单果重1～1.5千克,产量高。孙蔓结果为主,果实生长迅速,开花后28天左右成熟。果实长椭圆形,浅灰绿麻色,光滑丰美,新颖独特。肉厚达3.5厘米,翡翠绿色。质松嫩细甜,香甜如蜜,折光糖含量15%～18%,并有蜜瓜风味,罢园尾瓜仍很甜美。果形整齐,无畸形,无较小尾瓜,特耐运输和贮存,久贮不变质,适应性极强,栽培容易。

(四)花皮类型

果皮上有 2 种以上颜色,常有绿色斑块呈条带状。

1. 白沙蜜　黑龙江省地方品种。中早熟,生育期 80～85 天。果实长卵形,顶部大而平,果形指数 2。单果重 500～600 克,大者可达 1.75 千克。果皮黄绿底,覆深绿色斑块条带,果面有 10 条白绿色浅纵沟,清爽美观。果肉白色,肉厚 2 厘米左右,七八成熟时,质脆味甜,折光糖含量 12% 以上,品质好,耐运输,但十成熟时,果肉发软变面,味淡。较抗病,不耐旱,单株结果 1～2 个,每 667 米^2 产量约 2 000 千克。黑龙江、辽宁、吉林、河北、河南、山西等省大面积种植。

2. 八里香　吉林省地方品种。中早熟,生育期 85 天左右。果实卵圆形,果形指数 1.06。平均单果重 600 克。果皮黄色覆绿色花斑,并有黄绿色浅纵沟。果肉白绿色,肉厚 2.4 厘米左右,质脆,折光糖含量 10%,品质中上等。单株结果 2～3 个,每 667 米^2 产量 2 000～2 250 千克,抗病性好。主要在东北三省种植。

3. 大香水　辽宁省地方品种。中早熟,生育期 80～85 天。果实长卵形,底色淡黄,覆绿色条斑,成熟前果面有细茸毛,成熟后果面光滑。果肉及胎座均为白色,肉厚 2～2.5 厘米,折光糖含量 11% 左右,香味浓。种子黄白色,千粒重 14.1 克。单果重 350～550 克,单株结果 2～3 个,平均每 667 米^2 产量 2 000 千克。抗枯萎病,果实外观美,耐贮运,商品性好。在辽宁、吉林等地栽培。

4. 蛤蟆酥　陕西关中地区地方品种。中熟,生育期在关中 90 天左右。果实近筒形,顶部稍大。果皮灰绿色,上覆黑绿色花斑,单果重 500 克,纵横径12.4 厘米×10.2 厘米,果肉黄色,肉厚 2.7 厘米左右,质地酥松,折光糖含量 11.2%。种子灰黄色,每 667

米²产量约 2 000 千克。在山东、北京、安徽等省、市部分地区种植。

5. 黄金道 黑龙江省地方良种。生育期 90 天以上。果实卵圆形，皮色金黄，有深绿色花斑形成条带，并有 10 条黄绿色浅纵沟，单果重 800 克左右。果肉浅绿色，肉厚 2 厘米左右，肉质松脆，折光糖含量 11%。种子浅黄色，千粒重 22 克。单株结果 2～3个，每 667 米²产量 2 000～2 250 千克。在东北三省种植。

6. 龙甜 2 号 黑龙江省农业科学院园艺研究所培育。中晚熟，生育期 85～90 天。果实长筒形，纵横径 19.7 厘米×9.6 厘米。单果重 0.75～1 千克，大者可达 2 千克。成熟时果面由绿变黄色，覆绿条块，有淡黄色较宽浅纵沟，果面光滑。果肉白色，肉厚 2.5 厘米，肉质沙面、清香，口感好；折光糖含量 11%，品质上等。皮韧，长途运输耐磨损，皮不变色，果不破裂，常温下存放 1 周不变味。平均单株结果 2 个，平均每 667 米²产量 2 500 千克。抗逆性强，抗白粉病。东北地区大面积推广栽培。

7. 绿麻皮 东北地方品种。中晚熟，从播种至采收 80～85天，生长势强，坐果集中，单株结果 2～3 个。果实长卵形，绿底色上有深绿色不规则网条，并有 10 条左右浅绿色沟纹所分割。果肉嫩绿色，成熟时起沙，味甜美，含糖量 12% 左右。单果重 0.8～1千克。抗病能力强，丰产性好，每 667 米²产量 3 000～4 000 千克。

8. 刀篓子 东北地方品种。中熟，从播种至成熟 75～80 天。果实长卵形，瓜肉浅白色，含糖量 14% 左右。单果重 1 千克左右。抗病性强，丰产性好。

9. 花皮牛角蜜 东北地方品种。中早熟，开花至成熟 25～28天。果实牛角形，皮绿色覆深绿色花斑，瓜肉厚，成熟后瓤橘红色，含糖量 14%～16%，味美香甜，口味极佳。果实长 18～20 厘米，粗 9～10 厘米。单果重 700～900 克。

10. 红城脆 内蒙古乌兰浩特市北方瓜类蔬菜研究所选育。

早熟,生育期 60 天左右。生长势强,坐果性能好,果实接近圆形,皮色有浅绿花纹,成熟后阳面金黄。果肉粉红色,含糖量 14%～15%,品质上乘,味甜质脆,市场竞争力强。一般不需整枝,省工省力,单株结果 5～7 个,主蔓、子蔓、孙蔓均可结果,每 667 米² 产量 2 500 千克左右。

11. 梅亚-黄金道 黑龙江省富锦市梅亚种业有限公司选育。植株生长势强,中熟,生育期 70 天左右。果实长圆形,幼果深绿色无苦味,成熟时金黄色微覆浅绿色条纹,果面光滑,果皮色泽美观,种腔较小。果肉白色,内厚 2.5 厘米,肉质细嫩甜脆,清香味浓,适口性好,品质上乘,可溶性固形物含量 11.8%,总糖含量 9.27% 左右。单株结果 3～4 个,平均单果重 645 克,最大单果重达 1 千克以上。标准果长 17.8 厘米,周长 29.8 厘米左右,采收后自然存放 5 天左右不老化,新鲜有光泽。具有商品性状好、抗病性能好、炭疽病发病率低等特点。

12. 花雷 天津科润蔬菜研究所选育。植株长势旺盛,综合抗性好。子蔓、孙蔓结果,单株可留果 4～5 个。平均单果重 500克。果实成熟期果皮黄色,覆暗绿色斑块。果肉绿色,含糖量 15% 以上,肉质脆,口感好,香味浓郁。春季保护地、露地均可种植。

第三章 甜瓜育苗技术

甜瓜集中育苗,可保生长整齐一致,早熟增产,而且可以增强甜瓜抗逆性,以利周年生产,均衡供应。特别是厚皮甜瓜借助嫁接育苗技术,可增强其对低温、高湿环境的抵抗性,从而扩展了厚皮甜瓜的种植范围,可取得良好的经济效益。由于甜瓜根系不耐移植,移苗伤根后恢复慢,故宜采用营养纸袋、塑料钵等护根嫁接育苗法。

一、营养土育苗

(一)育苗场所

温室、温床(包括电热温床)、阳畦、塑料棚等都可用于育苗。育苗过早过晚都不利于生产。实践证明,一般以苗龄 30~35 天、具 3~4 片真叶时定植为宜。

(二)营养土配制与装钵

甜瓜育苗的营养土成分及体积比例是:肥沃的表土 40%,充分腐熟的厩肥或马粪 40%,充分腐熟的人粪干或禽粪 20%。每立方米的营养土中还应加入磷酸二铵 1~2 千克及少量杀菌杀虫剂。播种前 6~7 天,将表土和各种肥料打碎过筛,按比例充分混匀后装入营养钵中,整齐摆放在苗床上。配制成既肥沃又疏松的营养土。如土质黏重,可适当增加厩肥或加少量细沙,否则播种后土壤升温慢,影响幼苗生长。另外,营养土黏重,根系伸展困难,定植后

56

缓苗发根慢。如果营养土过于疏松,保水性差,那么起运苗容易散坨伤苗。

为了防止传染病虫害,配制营养土所用表土应从没有种过瓜类的地块中挖取,冬天堆于苗床内翻晒、冻融交替使其充分熟化。马粪、人粪干和厩肥最好在头年夏秋经过高温堆制发酵,充分腐熟,可防止育苗过程中烧苗并减少病虫害的发生。

(三)种子处理与播种

甜瓜不同品种的种子大小差别很大,每 667 米^2 播种量需根据种子千粒重、栽植密度和栽培方式(育苗或直播)确定。

1. 播前种子处理

(1)选种 饱满的种子能促进植株生长发育,有利于高产。播种前应进行选种,有条件最好粒选,除去秕籽,同时根据种子形态、颜色特征除去混杂种子。选种后在阳光下适当晒种,温度不超过 60℃,可促进后熟,提高生活力。

(2)温汤浸种 将体积相当于种子体积 3 倍的 55℃~60℃温水,倒入盛有种子的容器,边倒边搅动,待水温降至 30℃ 左右时停止,静置浸种 6~8 小时。这种方法可以杀死种子表面的病菌,有一定的消毒作用,但对种子内部的病菌杀灭不彻底,对从无病种子田采收的种子可用这种方法。

(3)催芽 浸种后,将种子淘洗干净,沥去水分,用清洁湿润的纱布或毛巾包好,放在瓦盆或其他容器内,在 28℃~30℃ 条件下催芽。催芽过程中应注意保温保湿,使温湿度平稳一致。24~36 小时后大多数种子都已发芽,芽长不超过 1 厘米前播种。如果天气不宜播种,应把种子摊开,盖上湿布,放在 10℃~15℃ 的冷凉条件下抑制生长,等待播种。

2. 播种 播种前苗床浇透水。甜瓜根系生长的适宜温度在 20~25℃,14℃ 以下根毛(吸收水分、养分的主要部位)停止发生。

早春播种前应尽量提高苗床土温,稳定在15℃以上后播种。播种应在晴朗无风的中午进行。每个钵内在近中心部位播发芽的种子1粒,种子平放可防子叶"戴帽"出土,随覆湿润的营养土1厘米厚,整畦播完后全面撒覆一层营养土将钵间和畦四周的缝隙填实,并立即严密覆盖薄膜、草苫增温保温。

(四)苗床管理

1. 温度调控 播种至出苗(约5天左右)前,严密覆盖增温保湿,促使出苗快而整齐。多数出苗后即应开始少量通风,以防迅速拔高长成高脚苗,控制苗床内日温最高27℃,夜温18℃左右。真叶普遍发生后日温最高25℃,保持日温22℃~25℃,夜温15℃~17℃。整个生长期温度管理见图3-1。通风管理须循序渐进,根据外界气候的变化和幼苗生长情况逐步锻炼。切忌苗床内温度急骤变化造成闪苗、冻害和烤苗。1片真叶充分展开后幼苗抵抗力增强,应逐渐加强锻炼,早揭晚盖,增加日照时间,降低苗床空气湿度,防止徒长,促使花芽分化良好。定植前5~7天进行幼苗锻炼,以适应定植环境。

2. 湿度调控 苗床定植前一般不再浇水,这就需要通过分次

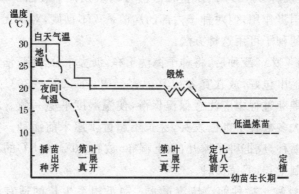

图 3-1 苗床温度管理

覆土来保墒;否则,会发生苗床后期缺水,影响幼苗生长和花芽分化。分次覆土还可以使床上表面保持疏松干燥,有利于增温,同时还可以降低空气和表面湿度,防止猝倒病、立枯病发生。而且覆土还有抑制幼苗徒长的作用,有利于培育壮苗。一般在真叶发生后覆土1~2次,每次覆0.3~0.5厘米厚的过筛细土。覆土应在晴天中午进行。

(五)适龄壮苗标准

苗龄30~35天,3~4片真叶;生长整齐一致,茎粗壮节间短;叶片肥厚,深绿有光泽;根系发达、洁白完整,定植时子叶完好,具3~4片真叶,无病虫害。

二、营养基质块育苗

基质块育苗技术是我国近年来开发的一项育苗科研新成果,具有科学集成、简便高效、绿色环保等优点。育苗基质块以优质泥炭为原料,辅以精心研制的科学营养配方,采用压缩回弹技术生产而成。

(一)泥炭营养块育苗的优点

1. 配方先进,原料天然 以天然优质泥炭为主要原料,无病菌、无虫卵,有效阻断了土传病虫草害对植物幼苗的侵害。

2. 省工省力,操作简单 与传统营养钵育苗相比,省去取土、过筛、配肥、加药、装钵等过程,每667米^{2}可节约5~6个人工。苗期只需要注意水分与湿度管理,不用施肥,育苗简便高效。

3. 节约用种,苗全苗壮 出苗率高,用种量少,特别适用于高档、稀奇特种蔬菜育苗。出苗均匀整齐,长势一致,一次成苗,育苗期普遍缩短。

4. 改良土壤,养分均衡 块体松紧适度,理化性能优良,水分、空气、营养协调,各种微量元素均衡齐全。

5. 无须缓苗,带营养块定植 营养块可直接移栽,不伤根,无须缓苗。幼苗健壮,茎粗叶大,抗旱抗逆能力强。

6. 高产增收,预防病害 块体 pH 值显弱酸性,防病抑病作用明显。为作物提前上市增加产量、提高品质、增加收入打下良好的物质基础。

(二)操作关键技术

1. 设施选择 根据季节不同选用温室、塑料大棚等育苗设施,夏秋季露地育苗应配有防虫、遮阳、防雨水设施。冬春育苗应配有防寒保温设施。

2. 建床铺膜 在设施内选择温光条件好、水源方便的地块建床育苗。一般苗床宽度在 1.3～1.5 米,深 8～10 厘米,以便于操作,长度根据地块而定,苗床要夯实,地面要平整。苗床下铺地膜,地膜要延伸到垄边,防止水分渗漏和根系下扎,最重要的是防止土传病害侵染。

3. 苗床摆块 选择 40～50 克的基质块整齐摆放在苗床上。摆块时应注意:甜瓜基质块之间的距离应在 1.5 厘米以上,以保证作物有充分的生长空间,并防止膨胀挤块。

4. 浇水胀块 一般在播种的前 1～2 天进行,用喷壶喷 6～8次。喷水时不能大水浸泡,但可以在薄膜上保持适量存水,喷水时间和次数根据温度灵活掌握。避免一次水量过大把块冲散,水吸干后再浇 1 次,直到营养块完全疏松膨胀(细铁丝扎无硬芯)且苗床无积水。如果膜上还有多余积水,及时在膜上打孔放掉,放置12～24 小时后播种。吸水后基质块会迅速膨胀,直至膨胀到 2 倍以上,可用牙签扎刺没有硬心即可。

5. 种子处理 按常规方法晒种、消毒、浸种、催芽,催芽露白70％时播种。包衣种子在确保发芽率和发芽势时可不处理。夏季一般只浸种不催芽,以免高温烧芽。

6. 播种覆土 播种前先对隔夜的块体喷水。每个基质块的播种穴里播 1 粒"露白"种子,然后每个基质块盖 1～2 厘米灭菌细土。注意将种芽朝下,防止种苗带壳出土。基质块间隙不填土,以保证通风透气,防止根系外扩。盖土后苗床表面覆盖地膜保墒增温。

(三)苗期管理

1. 温度管理 播种后出苗前,白天温度维持 25℃～35℃,夜晚 18℃～20℃,床温保持 30℃,以促进幼苗出土。温度低会使出苗时间延长,种子消耗养分过多,苗瘦弱变黄,降低抗性。为了提高地温,可在苗床上铺杂草、牛马粪、电热线等。出苗后降低温度,控制徒长,白天控制在 20℃～25℃,夜间维持 15℃～20℃。以后根据天气变化、秧苗长势,白天宜 24℃～28℃,夜间 18℃～22℃,在阴雪、阴雨天时,苗床的温度可比晴天时低 2℃～3℃,防止因温度高、光线弱引起幼苗徒长。定植前必须逐渐降温至 20℃左右,进行蹲苗,加强通风,直至与外界气温一样,但必须保证育苗营养块的湿润,防止外露根系因水分不足而受到损伤。

2. 湿度管理 播种至出苗前一般不浇水,子叶展平,根系没有露出育苗营养块前,控制育苗营养块表面见干见湿,根系露出育苗营养块表面时,要保证育苗营养块表面湿润状态,防止根系受到损伤。育苗期间应根据育苗营养块体和幼苗叶片的缺水情况,适时补足水分,避免缺水烧苗。浇水从块间隙注入,注水要在晴天上午进行,随着温度回升,甜瓜秧苗的生长,注水量可逐渐增加。定植前 1～2 天停止供水,进行幼苗锻炼。

3. 光照管理 甜瓜喜好强光,但由于冬季和早春光线弱,光照时间短,冬春季甜瓜苗床普遍光照不足,致使幼苗茎细叶小,叶片发黄,容易徒长,也容易感病,定植后缓苗慢,影响产量。应选择新薄膜并注意清除薄膜表面的碎草、泥土、灰尘等,草苫、纸被等保温覆盖物,在不受寒害的前提下,应早揭晚盖。即使在阴天,只要棚室温度能达到 10℃以上,仍要坚持揭开草苫等,使幼苗接受散射光。注意久阴乍晴时,草苫等覆盖物应揭"花苫"(即隔一个揭一个);连阴天后的第一个晴天,要避免马上大揭大放,要有一个适应阶段。如果过早揭放,因床土温度不够,根系吸收能力差,蒸发量增大,易发生萎蔫现象。可先在幼苗上喷水,再逐渐揭开草苫。

4. 秧苗锻炼　定植前 5 天开始停水炼苗,温度控制在 15℃,并在移栽定植前喷 1 次 0.04% 芸薹素内酯水剂 4 000 倍液,或 0.2% 磷酸二氢钾,以防因降温导致瓜苗死亡。

(四)适时定植

育苗营养块营养面积较小,定植时间要比普通营养钵育苗适当提前,只要根系布满营养块,白尖嫩根稍外露,就要及时定植,防止根系老化。定植前 5~7 天开始进行逐渐降温,增强光照,适当控制水分秧苗锻炼,接近定植地环境条件。定植时将秧苗带育苗营养块定植到本田定植穴内,一定要及时浇灌定植水,促进根系快速萌发伸长,防止因缺水使外露根系受到损伤。待水分渗下以后,幼苗基部及营养块表面培土覆盖 2~3 厘米厚。

三、集约化穴盘嫁接育苗

以冬春季嫁接育苗为主,一般在 12 月上中旬在有加温设备的日光温室中进行播种育苗。

(一)育苗设施和设备

1. 育苗设施、设备　一般采用日光温室或连栋温室,附属设备有恒温箱、补光灯、加热线、苗床、穴盘、平盘、嫁接用具、喷淋系统,以及加温、降温及遮阳设备等。

2. 设施设备的消毒　日光温室及其设备消毒通常采用高锰酸钾＋甲醛消毒法:每 667 米^2 温室用 1.65 千克高锰酸钾,1.65 升甲醛,8.4 升沸水。将甲醛加入沸水中,再加入高锰酸钾,产生烟雾反应。封闭 48 小时消毒,待气味散尽后使用。

(二)穴盘选择

1. 穴盘的选择与装盘　使用黑色 PS 标准穴盘,砧木选用 50 孔穴盘,规格 53 厘米×28 厘米×8 厘米(长×宽×高)。接穗选用平盘,标准规格 60 厘米×30 厘米×60 厘米(长×宽×高)。

2. 穴盘、平盘消毒　用 40%甲醛 100 倍液浸泡苗盘 20 分钟,捞出后在上面覆盖一层塑料薄膜。密闭 7 天后揭开,用清水冲洗干净。

(三)基质配制与装盘

选用优质草炭、蛭石、珍珠岩为基质材料,三者按体积比 3∶1∶1 配制,每立方米加入 1～2 千克复合肥,同时加入 0.2 千克多菌灵搅拌均匀后密封 5～7 天待用。将含水量 50%～60%的基质装入穴盘中,稍加镇压,抹平即可。

(四)砧木和接穗品种选择

1. 砧木品种选择　以南瓜为主,所选砧木应与接穗亲和力强、共生性好,且抗厚皮甜瓜根部病害,对产品品质影响小,嫁接优势表现明显,嫁接植株根系发育旺盛,抗性增强。

2. 接穗品种选择　应选择符合市场需求,早春保护地栽培耐低温、弱光、早熟、结果率高、丰产、果实品质优良、商品性好的品种。

(五)育苗数和播种量计算

砧木用种量=需苗数/(砧木发芽率×出苗率×砧木苗利用率×嫁接成活率×壮苗率)

接穗用种量=需苗数/(接穗发芽率×出苗率×接穗苗利用率×嫁接成活率×壮苗率)

砧木用种量为所需用苗数的 1.4～2 倍,接穗用种量为所需用苗数的 1.5～1.7 倍。

(六)种子播种与管理

1. 砧木播种与管理 砧木播种比接穗提早 5 天。先将种子晾晒 3～5 小时,然后将种子置入 65℃ 的热水中烫种,水温降至常温后浸种 7～12 小时,沥干水分将种子摊放在装有湿沙的平盘内,覆盖一层湿沙,再用地膜包紧。在铺有电热线的温床或催芽室内进行催芽。催芽温度控制在 30℃～32℃,50% 的种子露白时停止人工加温待播。芽长 1～3 毫米、出芽率达到 85% 时即可播种。将催好芽的砧木播种在装有基质的 50 穴标准穴盘内,播种深度 1～1.5 厘米,尽量使种子开口方向播放一致,播后覆盖消毒蛭石,淋透水后苗床覆盖地膜。白天温度 28℃～30℃,夜温 20℃～18℃,空气相对湿度 50%～70%。幼苗出土后及时揭去地膜,温度白天 22℃～25℃,夜间 18℃～16℃。

2. 接穗播种与管理 播种前种子晾晒 4～6 小时。用 55℃～60℃ 的温水浸种,待水温降至 30℃ 时,将种子均匀播在装有基质的平盘内,每标准盘播 800 粒。播后覆盖一层冲洗过的细沙,用地膜包紧,放置在铺有电热线的温床或催芽室内催芽,催芽温度 28℃～30℃。70% 的种子露白时去掉地膜,逐渐降低温度,白天 22℃～25℃,夜间 18℃～16℃。

(七)插接法嫁接

1. 适于嫁接砧木、接穗的形态标准 砧木 1 片真叶露心,茎粗 2.5～3 毫米,嫁接苗龄 12～15 天。接穗子叶展平、刚刚变绿,茎粗 1.5～2 毫米,嫁接苗龄 10～13 天。

2. 嫁接前砧木、接穗处理 嫁接前 1 天砧木、接穗都淋透水,同时叶面喷 77% 氢氧化铜可湿性粉剂 500 倍液,或 72% 硫酸链霉素可溶性粉剂 2 000 倍液。

3. 嫁接操作 将砧木真叶和生长点剔除。用竹签紧贴砧木任一子叶基部内侧,向另一子叶基部的下方呈 30°～45° 斜刺一孔,深度 0.5～0.8 厘米。取一接穗,在子叶下部 1 厘米处用刀片斜切 0.5～0.8 厘米楔形面,长度大致与砧木刺孔的深度相同,然后从砧木上拔出竹签,迅速将接穗插入砧木的刺孔中,嫁接完毕。

4. 嫁接苗的管理

(1)湿度 苗床盖薄膜保湿。嫁接后前 3 天苗床空气相对湿度保持在 95% 以上,之后视苗情逐渐增加通风换气时间和换气量。6～7 天后,空气相对湿度控制在 50%～60%。

(2)温度 嫁接后前 6～7 天白天温度保持 25℃～28℃,夜间 20℃～22℃。伤口愈合后,白天温度 22℃～30℃,夜间 16℃～20℃。

(3)光照 嫁接后前 3 天遮光,早晚适当见散射光,以后逐渐增加见光时间,直至完全不遮阴。遇到久阴转晴要及时遮阴,连阴天须进行补光。

(4)肥水管理 嫁接苗不再萎蔫后,视天气状况,5～7 天浇 1 遍肥水,可选用宝利丰、磷酸二氢钾等优质肥料,浓度以 1%～1.25% 为宜。

(5)其他管理 及时剔除砧木长出的不定芽,去侧芽时切忌损伤子叶及摆动接穗。嫁接苗定植前 5～7 天开始炼苗。加大通风、降低温度、减少水分、增加光照时间和强度。出苗前喷施 1 遍杀菌剂。

5. 病虫害防治 病害主要有猝倒病、蔓枯病、炭疽病、立枯病,虫害主要有蚜虫、白粉虱、蓟马、美洲斑潜蝇、潜叶蝇、螨虫等,应采用综合措施及时防治。

(八)成品苗标准

成品苗砧木、接穗子叶均保留完整,2 叶 1 心,节间短粗,叶片深绿、肥厚;茎粗 4～6 毫米,株高 10～12 厘米;根坨成型,根系粗壮发达;无病斑、无虫害;苗龄 35～40 天。

(九)成品苗的包装和运输

1. 包 装

(1)箱体要求 包装箱应具有防压、透气、防冻、防热、耐搬运特性。出厂时箱体要标有产品编号,箱内附有产品合格证。

(2)产品包装 秧苗装箱前应在箱内铺保湿薄膜,提苗时勿伤及秧苗,保持根坨完整,整齐码入箱内,盖严封好待运。

2. 运输 要求运苗车辆具备保温、防雨雪功能,成品苗应尽可能在 5 小时内运到目的地,便于尽快定植。

第四章 薄皮甜瓜优质高效栽培技术

薄皮甜瓜在我国栽培历史悠久,以其香甜、爽脆的特有风味深受人们的青睐。薄皮甜瓜适应性强,栽培容易,投资少,效益高,南北各地广泛种植,以华北、东北和华南栽培面积较大。长期以来以露地栽培为主,逐渐发展了地膜覆盖、小拱棚和大棚栽培。近些年,人们尝试了日光温室立架吊蔓栽培获得成功,栽培效益显著提高,栽培面积逐年扩大。

一、露地栽培技术

(一)栽培季节

我国薄皮甜瓜露地栽培季节主要为春播夏收,华南地区一般2~3月份播种,5~6月份收获;华北及长江流域,多为4月份播种,7月份收获;东北地区5月份播种,7~8月份收获。总之,各地露地播种应安排在晚霜过后,果实发育阶段安排在当地的高温干旱时期。

(二)品种选择

应选择早熟、抗旱、耐湿、抗病、外观和内在品质好、符合消费需求的品种,过去栽培以地方品种为主,目前栽培较多的有红城10号、红城15号、京香2号、永甜11等。

(三)轮作与间套作

1. 轮作倒茬 甜瓜连作会发生枯萎病危害,导致死秧,故应实行 3~5 年及以上的轮作,旱地的轮作年限应比水田长一些。为了减少病虫危害,通常以选择大田作物轮作或前年收获腾茬时间较早的大秋作物如甘蓝等比较好,不宜选用老菜园地种瓜,也不应与其他瓜类作物接茬。

　　甜瓜是比较理想的前茬作物,瓜茬地肥力足、后效高,后茬粮食作物或蔬菜均可显著增产,后茬作物以小麦等越冬作物和萝卜等秋菜为多,南方薄皮甜瓜地收获后插晚稻的效果亦比较好。

　　2. 合理间套作　薄皮甜瓜的生长周期短、行距宽,适于在行间进行间作、套作。一般在幼苗期与小麦、大麦、油菜、蚕豆等作物套作较多,头一年当这些越冬作物进行播种时,就应留出瓜行。翌年春薄皮甜瓜就在这些事先留出的瓜行上适时进行直播或定植幼苗,这些先行生长的直立性越冬间作物可以起到很好的屏障作用,保护幼苗防风御寒。此外,棉花、豇豆、大豆、甘薯等都是薄皮甜瓜地的常用间套作物,通过合理调节播种期,错开旺盛生长期,使间套作物之间的生长竞争矛盾得到合理解决。

(四)田块选择与整地做畦

　　1. 田块选择　种植薄皮甜瓜要选择背风向阳的地块。北方春夏干旱,旱地种瓜应选地下水位较高或地势稍低的地方,河滩地与夜潮地栽培最为适宜。可以进行灌溉的地块,就要选地势比较高燥平坦的地段,南方阴雨多湿,要挖排水沟和做高畦。沙质土壤的通透性好,早春地温回升快,昼夜温差大,用以种瓜发苗快,成熟早,品质好,但往往由于肥力不足而容易引起植株早衰、病害多、果实小、产量不高。

　　2. 整地做畦　准备种薄皮甜瓜的地块,在前 1 年大秋作物收获后,普遍进行 1 次冬前深耕,要求深度在 30 厘米以上,耕而不耙以积蓄冬季雨雪,使土壤充分晒垡熟化,从而有利于翌年瓜根深扎。开春后先施基肥,施用量占总施肥量的 1/3~2/3。北方基肥施用量大,南方雨多土壤养分容易淋失,故基肥比例小,比较重视追肥。一般每 667 米² 施有机粗肥如堆肥、厩肥或塘泥等 2 500～3 000 千克,细肥如人粪等 500～1 000 千克,过磷酸钙施 25～50 千克,南方还施用草木灰 150～250 千克。基肥施用量的多少应根据生产条件、土壤肥力而定,条件好、肥源足、沙地薄地应适当多施一些。基肥的施用方法,一般粗肥结合耕翻进行撒施,通称面肥或泼粪,细肥均采用沟施或穴施集中施用,还有在定植时再施一次抓粪,即每穴抓施一把粪肥。施基肥后再进行耕翻耙平,使耕作层细碎无大土块,瓜地经耕翻、施肥、整平后,便可按行株距要求进行播种,水浇地则均应做畦灌水。北方干旱、风沙大,为了保墒都做成低畦,畦面与地面平,畦间打土埂以便挡水,干旱缺墒时进行畦面浸灌,也有不打畦埂而临时挑沟灌水的。南方多雨均做成高畦高垄以利排水,畦面高于地平面,在畦与畦之间的深沟内进行排灌。在地下水位较高的水稻田上种植薄皮甜瓜时,畦面还要做高一些,水沟要深挖一些,瓜农常把种瓜穴做成圆头形瓜墩,以利排水护根。

育苗栽培的定植期一般也在晚霜过后,地温稳定在 15℃以上时进行定植。据此,并结合当地的天气情况、栽培方式、育苗条件及适宜苗龄等确定育苗时间。薄皮甜瓜定植的适宜苗龄一般为 25～30 天,此时瓜苗 3 片真叶展开。

(五)播 种

薄皮甜瓜根系生长迅速,但木栓化比较早,幼根表皮容易形成周皮,移植伤根后的恢复再生能力比较弱,缓苗很慢,因此生产上习惯采用直播方法。播种前种子要经过精选,去除杂、劣籽。播种可以用干籽、湿籽或出芽籽。干籽的适应性强,可以提早播种,当土壤温湿度适宜时即能自行发芽出土。播种出芽籽,可使出苗快,成苗率高,但遇上低温阴雨天,容易造成烂籽,影响出苗。

1. 播期 露地最早直播期应以当地 10 厘米地温已经稳定在 15℃以上以及出苗后晚霜刚过为原则,按此标准计算,长江中下游一带均在清明前后直播,华北平原多于谷雨前后播种,黑龙江、内蒙古则要到立夏才能直播。

2. 播种量 一般每 667 米^2 直播用种量 100 克,密植和播种干籽时用种量多,稀植或播芽时就比较省籽。

3. 播种密度 行株距 65~70 厘米×40~50 厘米,每 667 米^2 留苗 2 000~2 500 株。

4. 播种方法 露地栽培要在播前 2~3 天浇水造墒。无论覆盖地膜与否,播种时若墒情不足,还可穴内点水补墒。采用穴播,按行株距开穴,每穴播籽 3~4 粒,种子均匀摆开,覆土 2~3 厘米厚形成小土堆。

地膜覆盖栽培能使香瓜早熟 10 天以上,增产 40%~60%。这个技术已普遍在生产上应用,可直播,也可以育苗定植。地膜覆盖后土温提高,出苗快。为避免出苗后遭受晚霜,播种应比露地直播的稍晚几天,使幼苗在晚霜过后出土。如有其他保护措施可根据具体情况适当提前。

(六)播后管理

1. 间苗和定苗 当幼苗 2 片真叶时进行第一次间苗,每穴留 2 株健壮幼苗,间掉其他幼苗。幼苗 3~4 片真叶时进行定苗,在 2 株幼苗中选留 1 株,同时应及时补苗,以防缺苗断垄。

2. 中耕松土 北方旱瓜栽培要重视中耕松土,幼苗出土后先行用两脚并排夹苗踩实根际裂缝口,亦可用瓜铲拍实封严,以后就应进行多次中耕,北方通称盘瓜,以起到增温保墒促进幼苗生长的作用。中耕的深度以不伤根为原则,尽可能锄深锄宽,随着幼苗的生长逐渐由近及远、由深及浅,并结合中耕进行除草。

南方多雨,畦面容易板结和被雨水淋刷,除了中耕松土外,还要进行培土和铺草。培土一般进行 2~3 次,即用铁锨将沟内土起出培于根际附近,以起到护根作用。南方铺草效果很好,可以保持土壤湿度,防止地面板结,减少烂果和土壤害虫害食果实,使瓜蔓攀援其上防止风害。

3. 整枝摘心　整枝摘心是薄皮甜瓜田间管理中的一项关键性技术措施。通过整枝摘心以调整植株生育,使营养生长与生殖生长得到合理均衡发展,防止茎叶徒长,节省养分和改善通风透光,从而达到促进坐果和增大果实的作用。大多数品种的雌花在主蔓上发生很晚,主要都是着生在子蔓和孙蔓上,所以必须进行主蔓和孙蔓摘心。一般主蔓基部的子蔓上雌花发生较晚,而中上部子蔓上雌花发生比较早。孙蔓上一般都在第一节上即可着生雌花,生产上均利用这种孙蔓留瓜,这种孙蔓瓜农称它为果权,而另外一些不着生雌花或雌花出现很晚的孙蔓,由于生长过旺争夺养分激烈,应及早摘除,这种无效孙蔓即称疯权或抽条,所以打疯权是为了保证果权顺利坐果。待果实膨大,营养生长开始变弱,可以停止摘心,放任生长。整枝方式主要有以下 3 种。

(1)单蔓整枝　主要适用于主蔓可以结果的品种早熟密植栽培。主蔓 5～6 叶时摘心或不摘心,任其结果。在主蔓基部可坐果 3～5 个,以后子蔓还可结果。如窝里围、盛开花等品种。

(2)双蔓整枝　双蔓整枝法就是在幼苗 4～5 片真叶时进行主蔓摘心,选留 2 根健壮子蔓,子蔓 8～12 片叶时进行子蔓摘心。选子蔓中上部发生的孙蔓留果,并对结果的孙蔓上留 2～3 叶摘心。

(3)多蔓整枝　适用于孙蔓结瓜的品种。一般在 4～6 片真叶时对主蔓摘心,然后选留 3～4 根健壮子蔓,均匀引向四方,其余摘除。待子蔓长到一定长度,对其进行摘心,促进孙蔓的萌发和生长。孙蔓结果以后应对其摘心,以促进果实发育。

4. 疏叶疏果　基部老叶易于感病应及早摘除,还可疏去过密蔓叶以利通风透光。北方风大,要及时用土块压叶,或用树条夹插固定。精细栽培时,还应进行适当疏果。一般大果型品种每株留果 3～5 个,小果型品种甚至每株可留 10 余个。

5. 垫瓜、翻瓜　果实定个后应及时进行垫瓜、翻瓜,尤其是南方多雨易于烂果,可以铺草满垫,也可以编圈把垫。翻瓜可使果实生长均匀整齐,色泽一致,甜度均匀。翻瓜时每次只能转动 1/5,不能 180°对翻,以免底面突然受烈日暴晒而灼伤,翻瓜时间以在日落前 2～3 小时进行为宜。

6. 浇水 薄皮甜瓜单株结瓜较多,应分次采收。耐湿性较强而耐旱性较弱,需要水分较多,浇水次数、浇水量应根据植株生长情况、坐果情况和果实发育情况而定。播种或定植前土壤墒情较好或打透底水后,一般尽可能以少浇或不浇为原则,苗期的需水量少,应多盘瓜少浇水适当蹲苗,以促进根系深扎。开花坐果期应保持一定湿度,北方此时又正值高温旱季,常常需要补充 1 次小水。膨瓜期的需水量最多,就应根据墒情适当多灌,南方结果中后期进入旱季,故常在此时进行补充灌溉。为了确保品质,成熟前 1 周左右就应停止灌水。薄皮甜瓜地的土壤湿度不宜过高,尤其是成熟期内最忌雨水,此时雨水一多就会造成果实甜度明显降低。浇水时间在气温较低季节应在中午进行,而盛夏高温期则以早、晚浇水为宜。浇水方法在南方多用大喷壶淋浇或利用水渠沟灌或用水勺泼浇。北方则大多采用畦面漫灌方式,一次灌水量不宜过大,以勤浇少灌为好。

7. 追肥 种植薄皮甜瓜对品质要求很高,因此必须注意磷、钾肥的合理搭配。苗期施肥应以氮、磷肥为主,但氮肥施用过多会引起坐果不良和病害加剧。结瓜期内要增加钾、磷肥用量,以增进果实品质。甜瓜追肥南北地区差异较大。北方一般只在摘心后伸蔓期穴施 1 次油饼类细肥,每 667 米² 施 50～100 千克。植株生育后期茎叶满园而难于再进行穴施时,可以进行根外追肥,用 0.2%尿素或 1%～2%过磷酸钙浸泡液喷洒叶面后均有良好效果。南方追肥常分 3～5 次进行,苗期追 1 次,摘心后追 1 次伸蔓肥,结瓜期追施果肥 1～3 次。薄皮甜瓜为一株多果、连续结果连续采收作物,所以多次追施果肥,可以有效防止植株早衰,延长收获期,从而获得增产,有的瓜农甚至采取收一次果追一次肥的方法。追肥种类,习惯使用人粪尿等速效性肥料,加水 3～5 倍稀释后进行泼浇,也有在伸蔓期追施油饼类细肥的。

(七)适时采收

1. 成熟标准　可根据以下几点判断果实是否成熟。

第一,皮色鲜艳,花纹清晰,果面发亮,充分显示本品种固有色泽的,黄皮系统品种在这一点上比较突出,是一项重要的成熟标志。

第二,果柄附近果面茸毛脱落以及果顶近脐部开始发软。

第三,产生离层的品种,在果蒂处开始自然脱落。

第四,具有本品种特有的浓厚芳香味。

第五,用手指轻弹果面而发出空洞浊音的。

第六,果实比重小于 1 且浮于水面者。

2. 适时采收　采摘时间以清晨为好,用刀或剪刀切除时留有 1～2 厘米长瓜柄,但早晨采收的瓜含水量高,不耐运输,故远运的瓜宜于午后 1～3 时采摘。采收应该适时,欠熟瓜品质差,糖度低,香气少。而过熟瓜的肉质变软,甜度亦略有降低,甚至开裂易烂。一般当地销售的瓜可以采摘熟度高一些,约九十成熟,而长途外运的瓜则以采摘八九成熟的较为适宜。

二、地膜双覆盖栽培技术

地膜加小拱棚双覆盖栽培薄皮甜瓜是华北和东北地区主要推广的一种栽培模式,面积在逐年扩大。它具有成本低、经济效益高、便于管理、容易搬迁倒茬等优点,是比较适于广大农村采用的一种栽培方式。此项技术可使薄皮甜瓜的成熟期比露地直播栽培提早 35～45 天,比单层覆盖地膜提早 15～20 天,由于上市早、品质好、价格高,所以经济效益可观。

（一）品种选择

适于春提早地膜加小拱棚覆盖栽培的甜瓜应具备如下特点：首先是适应性强，因为小棚属于半程覆盖栽培，甜瓜前期在棚内生长，中后期进到露地，所以品种应对露地栽培条件有较好适应性，抗病能力要强。其次小棚覆盖是早熟栽培，所以品种应具备早熟丰产的特点，株型紧凑，结果集中。再次是瓜条要符合销往地的消费习惯，肉质细腻，香甜爽口，商品性好。目前，生产上使用较好的品种有龙甜一号、日本甜宝、景甜王中王、黄金道、红城5号等。

（二）培育适龄壮苗

地膜双覆盖栽培甜瓜多采用育苗方式，采用营养纸袋护根措施，用日光温室或火炕育苗。其苗床地选择、挖床、营养土配制、装袋、播种以及苗床管理等参见第三章有关内容。在床温控制上，以昼温25℃～30℃、夜温15℃～20℃为宜。日历苗龄以25～30天、生理苗龄2～3片真叶为宜。河北中部地区双膜覆盖定植期一般年份在4月上旬，故其播期在3月上旬。甜瓜多为子蔓和孙蔓结瓜，要及早促使子蔓生长。在5片真叶时对主蔓摘心，促使腋芽的萌发，形成子蔓。

（三）整地做畦

选土质疏松肥沃、土层深厚、3年未种过瓜类的沙壤土和壤土，每667米^{2}施优质农家肥3 000～5 000千克、腐熟鸡粪800千克、复合肥50千克，将2/3基肥撒施，深翻25～30厘米，剩余基肥撒施到定植行上，与土混匀。采用高畦栽培，一般高畦畦面宽70厘米，沟宽50厘米，高20厘米。

（四）定　植

定植时间的早晚是决定上市早晚的关键之一，幼苗应及早定植大田，一般在4月上旬。定植前5～6天覆地膜增温，在高畦畦面上按行距60厘米、株距40厘米开穴定植。再用竹竿或细枝条搭拱棚,拱高 40~50 厘米,每 50 厘米 1 根,然后用宽 1.2~1.5 米、厚 0.007 毫米的薄膜扣棚,两边用土压紧,控制好每个时期的温度。

(五)定植后的管理

1. 温度管理　定植后,经常检查小拱棚和地膜,破损透气处及时压好。不同生育时期要求温度不同,茎蔓生长期 20℃~25℃,开花期 25℃,果实成熟期 30℃~35℃,温度过高时要通风降温。当蔓长满棚、外界气温稳定在 20℃以上时,在棚膜上进行破膜降温管理。夜间可在拱棚上加盖草苫或纸被保温,天气稍暖后撤去。此方式早熟效果更明显。

2. 水肥管理　灌水时,做到看苗、看天、看墒情,适时适量灌水,防止病害发生。定植后,浇 1 次小水,以利于缓苗。缓苗后以蹲苗为主,以利根系生长。在保水力好的土壤上此时期尽可能不灌水,对保水力差的土壤可少量灌水和施肥。开花坐果期需水量大而且反应敏感,应视土壤水分状况和天气变化来灌水施肥。以钾肥为主,最好用甜瓜专用肥或复合肥料。灌水时切忌大水漫灌。膨瓜期,需要大量的肥水,这时要有足够的水分,以满足生长需要。根据地力和长势情况及时追肥。第一次追肥,伸蔓期在膜外开 10 厘米深的长条小沟,每 667 米^2 追施饼肥 40~50 千克,施后覆土盖严。第二次追肥,于果实膨大期,往叶面喷施 0.2%磷酸二氢钾溶液。

3. 整枝、疏果　多采用多蔓整枝方式,一般在植株 4~6 片真叶时主蔓摘心,然后选留 3~4 条健壮子蔓均匀引向四方,其余摘除,待子蔓 7~8 片叶时摘心,有利于孙蔓的萌发和生长,每条子蔓留 3~4 条孙蔓,其余摘除。孙蔓坐果后,每条孙蔓留 3~4 片真叶摘心,促果实发育。当果实膨大后,营养生长变弱时停止摘心。及早摘除基部老叶和过密的蔓叶,以利通风透气,一般每株留 4~6 个,多余花果及时疏去,有利于及早集中成熟。

4. 果实管理

(1)定果　在植株上保留节位较好的瓜,其余的疏除。最合理的坐果部位是在地膜的边缘。

(2)垫瓜　为防止烂瓜,应在瓜下用瓜铲垫上细干土或干草,特别是坐在地膜上的瓜更应重视垫瓜。

(3)翻果　果皮着地的一面因长期不见阳光着色较差,而且表皮蜡质也较少,加之湿度大易生病虫害,影响果面的美观,故应每5～7天翻动1次。注意幅度不宜过长,以免损伤果柄,只要将着地部分翻离地面即可。

(4)盖果　对幼果和成熟期的果实应及时用草或瓜叶覆盖,以免阳光直射而造成日灼。

5. 病虫害防治　甜瓜主要病虫害是白粉病、炭疽病、金针虫、瓜蚜等。在整地时每 667 米² 用辛硫磷颗粒剂 1.5 千克对细沙 5 千克防治地下害虫。瓜长到鸡蛋大至成熟期间连喷 2 次 1∶1∶200 波尔多液,对防治叶部病害有关键作用。

(六)采　收

薄皮甜瓜一般在雌花开放 25～30 天成熟,皮色鲜艳,花纹清晰,果面发亮,呈现本品种固有的芳香气味,果柄附近茸毛脱落,果顶开始发软,用手指弹发出洞浊音时即可采收。

三、塑料拱棚春早熟栽培技术

一般棚高 1.8 米以上,跨度 6～14 米,长度 30～70 米的塑料棚是大棚;棚高 1.5～1.8 米,跨度 4～6 米,长度 30～40 米的是塑料中棚;跨度在 4 米以下,棚高在 1～1.5 米的塑料棚叫小棚。塑料小棚的一个显著特点就是人不能在里面站着干活。

大棚内温度的周年变化规律而言,我国北方的大多数地区春季大棚甜瓜定植可比露地提早 40 天左右。秋季覆盖栽培时可比露地延后 40 天左右。但是,如果能进一步完善大棚内的多层覆盖,则可以进一步提高其提早和延后的效果。塑料小棚的热量条件和空间大小,一般多作为甜瓜春早熟栽培的半程覆盖,可以比当地露地提早 20 天左右播种或定植。如果棚内加盖一层地膜,还可再提早 5 天左右。如果再加草苫则可进一步提前使用。塑料中棚的性能介于大棚和小棚之间,也可用于春提早和秋延后栽培。

　　塑料大、中、小棚甜瓜春早熟栽培一般在当地晚霜前 70～80 天开始育苗,此时外界气温还比较低,需要采用具有较好温度性能的保护设施进行育苗。定植时温度也较低,还不能满足甜瓜正常生长的需要,必须注意提高和保护地温,以促进缓苗生长。缓苗后以促为主,促根促茎叶生长。开始结果后温光条件都对甜瓜生长和结果非常有利,应加强管理。缓苗后天气日渐变暖,晴天时白天温度会骤然升高,需要注意及时通风,以免发生高温伤害。当地晚霜结束后,自然界温度逐渐适应甜瓜生长需要,应逐渐加大放风炼苗,适时结束覆盖转入露地生产。

(一)品种选择

　　应选择早熟、耐寒、抗病、高产、优质、抗逆性强、适销对路的优良品种,如红城 10 号、红城 15 号、京香 2 号、富尔 9 号、永甜 9 号等。嫁接栽培砧木可采用黄籽南瓜或白籽南瓜。

(二)培育壮苗

　　一般要求在日光温室内建造苗床并铺设电热线。一般 2 月上中旬播种,苗龄 30～35 天播种。选择晴天上午播种,播完后立即均匀撒 1 厘米厚的湿营养土,然后覆薄膜保湿提温。培育优质壮苗是大、中棚甜瓜栽培的一个重要环节,其壮苗标准是:日历苗龄 30～35 天,具 4～5 片真叶,叶片舒展,叶色翠绿;茎粗壮,节间短,龙头明显;须根发达,无病虫,无冻害等。

(三)整地扣棚

种植甜瓜的地块要在入冬前进行深翻30厘米以上,结合深翻施入充分腐熟的农家肥,每667米² 施2 500~3 000千克。上冻前将大棚骨架支好并浇1次透水,1月中旬前后,将支好的大棚扣好棚膜,提高棚内的温度。待土壤解冻后起垄,南北垄向,可采用大小垄栽植方式以方便后期管理,大垄行距110~120厘米,小垄行距70~80厘米。

(四)定　　植

大中棚春提早甜瓜栽培应以早上市为目标,能否早定植要看10厘米地温是否稳定通过12℃。如果定植后覆盖小拱棚,10厘米地温稳定通过10℃也可以。为了能适期早定植,就要千方百计地提高棚内地温。主要措施有:提早扣膜密闭大棚烤地;基肥中大量增施有机肥;施肥后整地起垄覆盖地膜。地温达到要求后,要选择"冷尾暖头"晴天的上午突击定植,力争下午2时前结束。华北地区一般3月中下旬选晴天定植,株距25~30厘米,每667米² 栽2 300~2 800株。未覆盖地膜的可以在垄中央直接开沟,将用营养钵或用营养块育好的瓜苗摆放在沟中,埋土时不要超过原来营养钵或营养块的土表面。垄上已覆盖地膜时,可用打孔器按株距打孔定植。栽时大苗分布到棚头和棚两边,小苗向棚的中间集中。栽苗后穴浇稳苗水(注意不要顺沟浇大水),缓苗前再分株浇1~2次水,浇灌的水应该在棚内进行预热。缓苗后才开始顺沟浇一水。栽时遇到阴天,要只栽苗不浇水,等到天晴以后再补浇水。

(五)定植后的管理

1. 温湿度管理　定植后白天气温控制在25℃~30℃,夜间保持15℃以上有利缓苗,定植后遇到突然降温时须给植株和塑料小拱棚提高温度,防止冻苗。缓苗后白天气温尽量控制在25℃以下,夜间不低于15℃。开花期及以后各个时期,白天气温都不要太高,过高时要及时放风,有利于开花、坐果。果实成熟期的适宜温度为30℃。后期要延长通风时间,加大昼夜温差,促进糖分积累,提高甜瓜品质。空气相对湿度一般保持在60%~80%。

2. 肥水管理 薄皮甜瓜连续结果能力很强,对肥料需求也较多,而且持续的时间长,因此需要追肥。

(1)追肥 要抓住3个时期。

①茎蔓生长期 即抽蔓到开花坐果期。每667米² 施5~10千克硫酸铵或10千克硝酸磷肥。

②坐果期 在甜瓜开花坐果以后,每667米² 追施20千克硫酸钾,这次追肥要以钾肥为主。

③膨瓜期 一般是在甜瓜进入膨大期以后,每667米² 用40~50千克磷酸二铵,以促进甜瓜果实的发育和成熟。特别是后期宜叶面喷肥,每5天喷1次0.2%~0.3%磷酸二氢钾溶液,喷2~3次即可。

(2)浇水 一般要抓好4个时期。

①定植水 一般要浇穴,水量不宜过大,否则会降低地温,而且易烂根;定植后5~7天即可缓好苗,缓苗后顺窄行轻浇1次水,以浇透高垄为好。

②缓苗水 定植后5~6天缓过苗,在窄行轻浇1次水,以促进根系生长,利于缓苗。

③催蔓水 在追肥的第一个时期,随追肥一起进行。

④膨瓜水 在果实生长旺盛期,需要大量的肥水,以满足果实发育的需要。果实进入成熟阶段后,主要进行内部养分的转化,对水肥要求不严,此时应控制浇水,否则会降低果实的品质并推迟成熟期。

3. 整枝 爬地式栽培常采用多蔓整枝法,即在4~6片真叶时对主蔓摘心,然后选留3~4根健壮子蔓,均匀引向四方,其余摘除。待子蔓长出7~8片叶时对其摘心,以促进孙蔓的萌发和生长。孙蔓结果后，每根孙蔓留 3～4 片真叶摘心，促进果实发育。当果实膨大后，营养生长变弱时，停止摘心。基部老叶易于感病，应及早摘除，还可疏去过密蔓叶，以利通风透光。甜瓜一生形成的雌花数较多，一般每株留果 4～6 个，个别品种可留 10 余个，其余花果应及时疏去。

大棚和中棚也可采用吊蔓方式栽培进行单蔓整枝。甜瓜苗主蔓长到 30 厘米左右高时，可从棚顶顺一条细尼龙线，下端系于瓜苗根部，将瓜苗缠绕在细尼龙线上，使主蔓向上生长，利用空间立体结果。吊蔓要随时进行，保证主蔓直立生长。吊蔓方式较传统的匍匐生长方式最大优点在于方便管理。主蔓在向上生长过程中不断分生子蔓，用子蔓结果，一般用 4 叶以上分生的子蔓结果。对每个坐果的子蔓见瓜打顶，瓜前不留叶片。对未坐果的子蔓或不需要坐瓜的子蔓都只留 1 个叶片摘心。当主蔓长到距离棚顶约 40 厘米时及时打顶，不再向上延伸，使养分集中供应甜瓜生长。当第一茬瓜快成熟时，用最上一个子蔓或孙蔓作头延伸。在第一茬瓜采收完后，可以将下面失去功能的叶片摘除，利用上面的叶片进行光合作用，营养整个植株。

4. 保果措施 由于棚内没有昆虫对花进行授粉，所以必须进行人工辅助授粉，在预留节位的雌花开放时，于上午 8～10 时大棚温度 20℃ 左右时，用雄花花粉轻轻涂抹在雌花的柱头上。应用较多的是药剂处理。经常使用的有 0.1% 吡效隆，用药液对刚开的花或即将开的花进行喷雾或涂抹，可在药剂中加入食品色素区分处理的和未处理的花朵。第一茬瓜视瓜秧长势留 3～5 个，第二茬留 2～4 个，一般情况留两茬瓜，如果瓜秧长势良好还可以留第三茬瓜。畸形果随时去掉。

（六）采 收

授粉后做标记，根据不同品种甜瓜生育期推算成熟日期，或甜瓜出现品种固有的成熟特征时采收，一般薄皮瓜约九成熟时提前采收。在早上或傍晚温度较低时采收,装箱后保持通气,存放在遮阴、通风、干燥、低温的环境中。

四、日光温室吊蔓栽培技术

为抢早上市,河北唐山地区采用三膜一苫(地膜、小拱棚膜、日光温室膜和草苫)日光温室吊蔓栽培技术,使该品种播种期提早到12月中旬,翌年2月上旬定植,3月下旬开始上市,既丰富了城乡果品市场,又给瓜农带来了很好的经济效益。现将该项技术介绍如下。

(一)品种选择

宜选用耐低温弱光、株型紧凑、结果集中、香甜爽口、抗病、早熟高产的品种,如红城5号、红城7号、齐甜一号、白玉(台湾农友)等优良品种。

(二)培育壮苗

要求在日光温室内采用电热温床进行营养钵育苗。出苗前温度白天保持在28℃～30℃,夜间保持在15℃～18℃。出苗后及时揭去地膜,真叶长出后,温度控制在白天25℃,夜间13℃～15℃,防止徒长。真叶长出后适当增温,促进幼苗生长,白天温度控制在25℃～28℃,夜间15℃～17℃。定植前1周通风降温,白天温度控制在22℃～25℃,夜间11℃～13℃。苗床使用电热线,因蒸发量较大,钵内较干时,要及时喷洒20℃温水。苗龄35～40天,4叶1心。要求叶色浓绿,茎粗壮,节间短,根系发达,无病虫害。

(三)整地施肥

一般在1月下旬至2月上旬定植。定植前7～10天扣棚烤地,使10厘米地温稳定在15℃,结合整地施足基肥。一般每667米^{2}施入腐熟有机肥2 500千克、三元复合肥20千克。

(四)定 植

一般在定植前 5～7 天,按行距 70 厘米开沟起垄,垄宽 30 厘米,高 20 厘米,垄上铺地膜,沟内浇暗水造墒,每垄 1 行,株距 50 厘米,每 667 米^2 定植 1 800～2 000 株。定植后垄上再加扣小拱棚,棚高 40～50 厘米,宽 50 厘米。

(五)定植后的管理

1. 吊蔓 顺瓜垄在棚架上拉铁丝,从铁丝上用丝裂膜吊蔓。

2. 整枝 一般有单蔓整枝和双蔓整枝 2 种。采用单蔓整枝,当主蔓长出 4～5 片叶时开始吊蔓,留主蔓 8～11 节上的子蔓结瓜,每个子蔓选留 1 个瓜,每株结 2～3 个瓜,留瓜子蔓在瓜前 3 片叶摘心,其余子蔓全部打掉,主蔓长到 20 片叶时掐尖。双蔓整枝,当主蔓 3～4 片叶时摘心,选留 2 个健壮子蔓,利用子蔓上孙蔓结瓜,一般选留 4 个孙蔓结瓜,每株结 3～4 个瓜,留瓜孙蔓在瓜前 2 片叶摘心,子蔓长到 13～14 片叶时摘心。

3. 保果措施 甜瓜生长前期,正处在早春,气温较低,没有昆虫授粉,所以必须人工授粉,以提高坐果率。人工授粉需在上午 9 时至下午 1 时进行,用毛笔蘸一下雄花,再将其花粉抹到雌花柱头上即可。也可采用植物生长调节剂处理的方法,经常使用 0.1% 吡效隆对刚开的花或即将开的花进行喷雾或涂抹,可在药剂中加入食品色素区分处理的和未处理的花朵。具体方法有以下几种。

(1)喷花法 此方法就是在甜瓜开花后的当天或第一天,用小型喷雾器将药液直接喷向柱头的方法。喷花的时间要掌握在上午 10 时以前,或下午 3 时以后,以防止高温时间段处理药液浓度过高,引起裂瓜和苦味瓜的形成。常采用的药剂为防落素,施用浓度一般为 40～50 毫克/千克,为提高坐果率,最好根据棚温的高低,做好试验后再大面积应用。

(2)喷瓜法 可采用高效坐瓜灵喷瓜胎,为 0.1% 吡效隆系列,一般每袋(5 毫升)对水 1 升(参照说明书使用),当第一个瓜胎开花前 1 天用小型喷雾器从瓜胎顶部连花及瓜胎定向喷雾。注意最好用手掌挡住瓜柄及叶片,以防瓜柄变粗、叶片畸形。喷瓜胎时,一般一次性处理花前瓜胎 2 个(豆粒大小以上的瓜胎),这样一次性处理多个瓜胎,坐果齐,个头均匀一致。为防止重复处理瓜胎而出现裂果、苦果、畸形果现象,可在药液中加入一定的食品色素做标记。

(3)浸泡法　也是采用 0.1%吡效隆系列产品,用同样的药液浓度和同样瓜胎生育指标,将瓜胎垂直浸入配好的药液里,深度达到瓜胎的 2/3 即可。

注意事项:处理完瓜胎后,如瓜胎上面附着药液过多,要用手指弹一下瓜蔓,去掉多余药液,防止苦味瓜、偏脸瓜和裂瓜的形成。避免药液溅到植株上,防止植株生长畸形。为防止灰霉病的发生,可在药液里加入 50%腐霉利或异菌脲可湿性粉剂 1 000 倍液。药液要随配随用,以免影响坐果率。

4. 疏瓜措施　当大多数瓜胎长至核桃或鸡蛋大小时,进行 1~2 次疏瓜。疏瓜时,要根据植株的长势和单株上下瓜胎大小的排列顺序、瓜胎的周正程度进行,疏掉畸形果、裂果及个头过大、过小瓜胎,保留个头大小接近一致、瓜形周正的瓜胎。一般第一茬瓜留 3~5 个,2~3 茬瓜留 2~4 个。疏果时,要在膨果肥水施用后,坐果效果稳定,植株没有徒长现象时进行,这样能够有效地防止疏果后植株徒长,导致化瓜现象的发生,确保第一茬瓜的适宜上市期,并获得高效益。

5. 肥水管理　定植后 7~10 天,顺沟浇 1 次缓苗水。开花授粉 2 周后,为甜瓜需肥高峰期,应注重氮肥施用。结合浇水,每 667 米² 追施硫酸铵 10 千克。当瓜长到乒乓球大小时,进入果实膨大期,应注重磷、钾肥施用,每 667 米² 追施 10 千克钾肥和 5 千克磷酸二氢钾。采收前 1 周停止灌水,有利于提高甜瓜品质。苗期追肥以氮肥为主,伸蔓期要及时浇水和追肥,结合浇水每 667米^2 施尿素 8～10 千克。雌花出现后应控制浇水。初花前后喷硼砂,以利于坐果,植株坐住果后开始浇大水,同时施入磷酸二铵。结果期喷施叶面肥或磷酸二氢钾,并结合浇水每 667 米^2 追施三元复合肥 30 千克。

6. 温度管理　定植后白天温度控制在 30℃～35℃,夜间 15℃～18℃;伸蔓期应适当控制温度,防止徒长,白天 28℃～30℃,夜间 13℃～15℃;开花授粉期白天 25℃～30℃(不能高于 35℃),夜间 18℃(不能低于 15℃);果实膨大期白天 25℃～30℃,夜间 18℃～20℃;瓜个长足后,夜温降至 13℃～15℃,并加大昼夜温差,以提高果实含糖量。

定植后,地温不低于 13℃。若温度过低,小拱棚外可加盖草苫或临时加温,当地温稳定通过 18℃时,可完全揭去小拱棚。为增加光照强度,棚膜要保持清洁,晴朗天气适当早揭苫晚盖苫,阴雪天气也揭苫,可晚揭早盖。

(六)适时采收

瓜熟在花后 30 天左右,瓜毛脱落时采收,一般按记录标记和看瓜皮色来定。选瓜形端正、水分足、脆嫩爽口的采收。甜瓜瓜皮较薄,采收和运输中应注意轻拿轻放,防止碎裂。河北省唐山地区 3 月下旬开始采收,采收期 1 个月,平均每 667 米^2 可产甜瓜 1 500千克,效益十分可观。

五、日光温室草莓与薄皮甜瓜套作栽培技术

采用草莓、甜瓜套作栽培,打破了传统日光温室中单一栽培草莓的形式。在早春季节草莓收获将要结束时,垄间定植甜瓜,将再一次获得可观的经济收入,深受广大农民的欢迎。

(一)茬口安排

1. 上茬草莓　河北省中部地区可在 9 月上旬定植,一般 10 月下旬扣棚增温,采果时间可从翌年 1 月上旬一直延续到 5 月中旬。辽宁地区可在 9 月中旬定植,最早 10 月上旬便可升温,12 月下旬至翌年 1 月上旬果实就能陆续成熟,4~5 月份采收结束。

2. 下茬薄皮甜瓜　河北省中部地区薄皮甜瓜在温室育苗,2 月上中旬定植于草莓垄间。辽宁地区一般 4 月中旬可成熟,3 月下旬至 4 月上旬定植于草莓垄间,一般 5 月下旬至 6 月上旬成熟上市。

(二)上茬草莓栽培技术

1. 品种选择　选择果大、色泽鲜艳、甜度高、香味浓、硬度大、抗病强的品种,如甜查理、弗杰尼亚草莓等。

(1)甜查理　单果重高,第一级序果单果重 41 克以上,最大果重 105 克以上。单株结果平均达 500 克以上,每 667 米² 产量可达 4 000 千克以上。果实圆锥形,成熟后色泽鲜红,光泽好,美观艳丽。可溶性固形物含量高达 12% 以上,甜脆爽口,香气浓郁,适口性极佳。浆果抗压力较强,耐贮运性好。

(2)弗杰尼亚　植株生长直立,繁殖力中等,一级序果平均单果重 33 克,最大单果重 75 克。果实长平楔形,颜色鲜红,果面光滑,有光泽。果肉粉红色,质地细腻,果味香甜,果肉硬,极耐运输。植株抗逆性强,抗病、丰产。在 5℃~18℃气温条件下 1~2 周即可完成休眠。一般情况下可在 1 月份采收,温室栽培可陆续产生 4~5 次花序,形成多次果,延续结果 2~3 个月,条件适宜可达 4 个月,一般每 667 米² 产量 3 000~5 000 千克,最高可达 5 000 千克,每 667 米² 栽苗 8 000 株左右。

2. 整地做畦　栽前 1 周整地,每 667 米² 施优质农家肥 4 000~5 000 千克、磷酸二铵 30 千克,深翻 25 厘米,整平耙细。

深翻前可每 667 米² 撒施辛硫磷 1 千克进行灭虫与消毒,以保证苗全苗壮。采用小高垄栽培,垄高 15 厘米,垄面宽 50 厘米,垄间距 90～100 厘米,垄上覆好地膜,畦以南北走向为宜。采用微滴灌、覆盖黑地膜更佳,这样空气湿度小,病害发生明显降低,土壤湿度大,有利于草莓的生长,也便于肥水管理。

3. 定植 河北省中部地区定植时间为 9 月上旬。定植时每畦栽 2 行,行距 40 厘米,株距 15 厘米,每穴 1 株苗。每 667 米² 定植 8 000～10 000 株。尽量在阴雨天或晴天下午 4 时以后,带土移栽,做到"上不埋心,下不露根",栽后连续浇小水,直到成活为止。

4. 定植后的管理

(1)植株调整 定植半个月后植株地上部开始活动,心叶发出并展开,此时应将最下部发生的腋芽及刚发生的匍匐茎及枯叶、黄叶摘除,但至少保留 5～6 片健壮叶。生长旺盛时会发生较多的侧芽,浪费养分,影响草莓开花结果,应摘除。植株基部的叶片由于光合能力减弱,留着只能增加养分的消耗,应摘除,每株保持 4～6 片功能叶。

(2)植物生长调节剂处理 草莓温室栽培需用植物生长调节剂处理,打破休眠,防止植株矮化。扣棚后喷施 2～5 毫克/千克赤霉素。喷时重点喷到植株心叶部位,用量不宜过大,否则易导致植株徒长。

(3)温湿度管理 适时保温是促成栽培的关键技术,应掌握在顶花芽分化以后,植株将进入休眠之前开始保温。当夜间气温降到 8℃ 左右时开始盖膜保温,最好在 10 月中下旬第一次霜冻来临之前。开花前棚温要高,白天 30℃,夜间 15℃;现蕾期略降,白天 26℃,夜间 10℃;开花期再降,白天 24℃,夜间 8℃;果实膨大期温度还可略降,白天不超过 22℃,夜间 6℃～7℃。进入 4 月份加大放风力度,防止高温伤害,至 4 月下旬可逐渐撤除棚膜。花期应注意通风,否则湿度大会影响授粉效果,易导致畸形果增多。适宜授粉的空气相对湿度为 20%～50%,果实膨大期,空气相对湿度控制在 40%～60%。

(4)肥水管理 定植苗长到 4 片真叶时,每 667 米² 追施尿素 7.5 千克或磷酸二铵 20 千克,追肥后及时浇水和中耕。10 月下旬至 11 月上旬扣棚前结合浇水每 667 米² 施硫酸钾 10 千克。从顶花絮吐蕾开始,每 20 天追肥 1 次,每 667 米² 追尿素和过磷酸钙各 15 千克,或复合肥 15 千克。第一次采收高峰后,每 30 天追肥 1 次。扣棚(10 月下旬至 11 月上旬)后至开春一般不追肥浇水,干旱时浇水最好采用膜下滴灌,以降低室内空气湿度。开花期控制浇水,果实坐住到成熟要及时浇水,保持土壤湿润。早晨采收前要控制浇水。

5. 采收 草莓浆果果面有 2/3 成熟时即可采收,采收时要带果柄,不要伤萼片,采收后要分级装箱,切忌堆放和搬运时挤压。

(三)下茬薄皮甜瓜栽培技术

1. 品种选择 薄皮甜瓜选择成熟早、耐贮运、商品性好、品质好、产量高、抗病力强、容易栽培的品种。

2. 育苗 薄皮甜瓜温床育苗适宜苗龄为 30～35 天,3 叶 1 心时摘心,促其子蔓发育。

3. 定植 定植时要求设施内 10 厘米地温稳定在 15℃以上。甜瓜苗于 2 月上中旬定植在草莓垄间,株距 30 厘米,栽植深度以不埋子叶为度,定植时在穴内加入适量的土壤杀菌剂和磷、钾肥,浇足水。

4. 定植后的管理

(1)整枝和留瓜 甜瓜以子蔓和孙蔓结果为主,整枝时要灵活掌握。一般可在幼苗具 4～15 片叶时摘心并施速效水肥促子蔓生长,选留 2～3 条子蔓,多余的子蔓摘除。子蔓具 8～10 片叶时打顶,每条子蔓可坐 2～13 个果,坐果后孙蔓留 2～13 叶摘心。

(2)温度管理 甜瓜为喜温作物,每个生育期所需温度不同。

一般定植后,前期一定要抓住温度管理,要采取高温的管理办法,保持在 25℃～35℃(15℃～45℃ 也可正常生长),花期 25℃,若夜温低于 17℃,则花期会推迟,果实成熟期最适宜温度为 30℃。甜瓜在生长期,当温度下降至 13℃ 就停止生长,10℃ 就会完全停止生长,7.4℃ 时就会发生冷害。

(3)肥水管理 定植后至伸蔓前,瓜苗需水量少,地面蒸发量小,应严格控制浇水。到伸蔓期,可追施 1 次速效氮肥,适当追施磷、钾肥,每 667 米² 施尿素 15 千克、磷酸二铵 10 千克、硫酸钾 5 千克,施肥后随即浇水。开花后要控制浇水,防止植株徒长而影响坐果。定瓜后,进入膨瓜期,可每 667 米² 追施硫酸钾 10 千克、磷酸二铵 20～30 千克,随水冲施。定果后 15～20 天,此时须控制肥水。此外,生长期内可叶面喷施 2～3 次 0.2% 磷酸二氢钾,使植株叶片保持良好的光合能力。

5. 采收 3 月下旬开始采收上市。当瓜的表皮亮度好、色泽改变、有褪毛现象时,瓜即成熟,一般散发出香味,即可采摘上市。整个生育期 80～100 天。

第五章 厚皮甜瓜优质高效栽培技术

一、露地栽培技术

厚皮甜瓜对环境条件要求很严,适应范围极窄,要求温暖、干燥、昼夜温差大、日照充足等条件。因此,历来只在我国西北的新疆、甘肃等地种植,其他各地主要由于雨水、温度等不良条件影响,很难在露地正常栽培。

在华北地区主要的生态条件中,露地大面积栽培厚皮甜瓜,热量、光照、土壤不是决定因素,而气象条件中的空气湿度和昼夜温差则是栽培成败的关键。这两个条件在整个生长期中变化较大,雨季前有利于生长发育(可变春早的不利为有利),雨季到来后空气湿度迅速增高,昼夜温差缩小,形成了高温高湿的不利环境。可见,这种不利变化与雨季相伴随,降雨是决定因素。进入7月份,由于果实发育已进入后期,体积增大趋于停止,主要是内部糖分的积累和转化,所以雨季开始的早晚对产量影响不大,但对果实含糖量影响很大。根据华北各地的生态条件和厚皮甜瓜的生物学特性,宜采用如下栽培方式。

华北各地露地栽培应在当地断霜前30~35天播种育苗,一般在3月中下旬至4月上旬。如果采用地膜单覆盖、双覆盖等简易保护地形式,播种期安排在断霜前20~25天,即3月下旬至4月10日前后,6月中下旬至7月初成熟。

（一）品种选择

露地栽培品种要求全生育期在 100 天以内,具有早熟、坐果早且容易、果实发育快、适应性强的特点,尤其要适应湿度较大、温差较小的气候条件及对病虫害有较强的抗性。适宜品种主要有伊丽莎白、冀蜜瓜 1 号、冀蜜瓜 2 号、黄旦子、铁旦子、新世纪、雪里华等。

（二）育　苗

采用育苗措施是露地厚皮甜瓜栽培成功的关键措施之一,不仅可早熟,而且生长期可以避开雨季。通常可利用温室、阳畦和电热温床进行育苗,一般苗龄 30～35 天,具 4～5 片真叶时定植为宜。育苗栽培每 667 米^2 大粒种子用种量 150 克左右,小粒种子75～100 克。

（三）整　地

1. 土壤选择　由于厚皮甜瓜忌连作,前茬不应是瓜类。种过瓜类的地块,最好 3～4 年后再种厚皮甜瓜。厚皮甜瓜根系好氧性强,在土壤过于黏重、板结、通气不好,或土壤空气中氧的含量不足（10％以下）时,厚皮甜瓜根系本身的生长量将大为减少。因此,栽培厚皮甜瓜应选择疏松、肥沃、通气性良好的土壤。

2. 施肥　施肥量可根据土壤具体情况而定。一般中等肥力土壤每 667 米^2 施优质厩肥 4 000 千克、饼肥 100 千克、过磷酸钙80 千克、草木灰 50 千克、速效肥（磷酸二铵或三元复合肥等）15～20 千克。早熟栽培时,将厩肥、饼肥、磷等作基肥施入,速效氮肥或复合肥一半作基肥一半作追肥,于现蕾开花前追施。中、晚熟栽培,应增加追肥比例,约占总施肥量的1/3。基肥中的农家肥以含磷、钾较多的禽粪、羊粪、炕土、人粪等混合肥为好。饼肥以芝麻饼最好,其次是花生饼、豆饼、亚麻饼、茶籽饼、棉籽饼。磷肥与有机肥混合使用可充分发挥肥效并减少固定。厩肥、饼肥等有机肥应提前充分腐熟。

3. 整地做畦　瓜地头年秋收后深耕灭茬、保墒，开春后施肥。如厩肥充足，可普遍撒施后复耕整地。厚皮甜瓜株行距大，根系较为集中，基肥集中施用效果好，效益高。做畦前常根据定植行距开沟沟施，施肥沟深20～25厘米，基肥施入后稍锄，使土肥混匀。

目前，华北地区有普通双行高畦、普通单行高畦、斜面单行高畦等形式(图 5-1 至图 5-3)。可根据品种株丛大小、地膜规格、土壤保水性能选择。高畦走向最好与当地春季盛行的风向垂直，以减少刮风时卷秧。

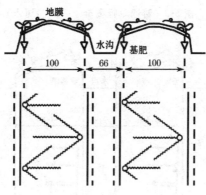

图 5-1　普通高畦双行　（单位：厘米）

(四)定　植

1. 定植时期　露地定植在当地断霜后，10 厘米地温稳定在15℃以上进行。在没有冻害的情况下，应尽可能早定植。华北露地和地膜覆盖栽培一般在 4 月中下旬定植。

2. 定植密度　定植密度因品种、土壤、栽培形式而定。早熟栽培应提倡密植，单株少留瓜，用缩短群体生育期来争取早熟高产。合理密植能迅速提高群体的叶面积指数，增加前期光合积累，

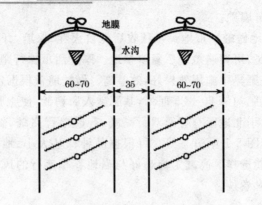

图 5-2 普通单行高畦 （单位:厘米）

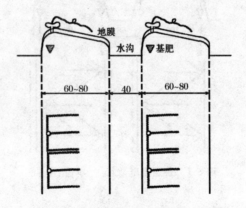

图 5-3 斜面单行高畦 （单位:厘米）

这对避开后期雨季威胁、争取露地早熟很有必要。中等肥力,早熟小果型品种,每 667 米² 定植密度以 1 300～1 500 株为宜。旱地沙田平畦栽培,双蔓整枝以 1 500～1 700 株为宜。中晚熟品种以 1 000～1 100 株为宜。

3. 定植方法　定植前 5～8 天提前做畦覆地膜增温。定植选无风晴天进行。如幼苗不整齐,应将大小苗分别定植。定植时,按株行距开穴浇水,水未渗下前随即将带苗的营养钵轻轻放大穴内,待水渗下后覆土,并将幼苗基部地膜开口处压实。定植深度以幼苗子叶露出地面为宜。

(五)定植后的管理

1. 浇水 华北地区露地高畦覆地膜早熟栽培,定植至收获60~70天。浇水应根据厚皮甜瓜各生育阶段对土壤湿度的要求,浇水次数和时间应因地制宜,考虑土壤保水力、地下水位高低、当地降水情况和栽培方式等而定。一般浇定植水、花前水和膨瓜水,3次即可满足需要。

(1)定植水 水量不大。缓苗后经25~30天即进入花期,这段时间植株旺盛生长,应通过控制浇水进行蹲苗促使根系向更深、更广的范围扩展,促使花原基在茎叶生长的同时更充实地发育。防止茎叶徒长,协调营养生长和生殖生长,使营养生长适当并适时向生殖生长过渡以争取早熟。

(2)花前水 当营养体已充分生长,花器发育壮实,在及时整枝的同时浇花前水,水量中等。花前水不能浇得太晚,如盛花期浇水易导致植株徒长,造成落花,影响坐瓜。

(3)膨瓜水 果实膨大期是甜瓜一生中需水量最多的时期,要求土壤水分充足(相对含水量80%~85%),因此膨瓜水要浇足。其浇水时间是在绝大多数植株都已坐瓜,瓜鸡蛋大小,疏瓜定瓜后进行。如因土壤保水力差等原因在膨瓜期不能维持所需湿度,还应补浇,以防果实因缺水畸形、中空、僵缩。果实停止膨大后应控制浇水,以增进品质。否则,成熟期土壤水分过多,会因茎叶继续生长减少养分向果实的运输,使体内糖分转化缓慢,果实含糖量降低,贮运性降低,并延迟成熟。同时,还会造成裂果、烂果和植株多病。除不浇水外,还应注意遇雨应及时排除雨水。由于厚皮甜瓜根系好氧性强,根颈、茎叶、果实怕水淹,因此浇水切忌大水漫灌,淹没高畦,浸泡植株。

2. 追肥 甜瓜吸收矿质元素最旺盛的时期是从开花到果实停止膨大,前后 1 个月左右。前期是氮、钾的吸收高峰,后期是磷的吸收高峰。因此,保证结果期土壤矿质元素的供给是争取丰产优质的基本措施。在土壤肥力高或基肥充足的情况下,可以不追肥或少追肥,土壤瘠薄和中晚熟品种需要追肥。一般第一雌花开放前重点追施含磷、钾丰富的优良有机肥或复合肥,以满足结果期的需要。如三元复合肥 10～15 千克,沿垄沟壁按植株穴施后浇水。植株封垄后至膨瓜盛期可叶面追施 0.3‰磷酸二氢钾。叶面喷肥应在傍晚或阴天进行,以利吸收。

3. 整枝 厚皮甜瓜分枝性很强,如放任生长将会长成杂乱的株丛,故需要整枝。不同品种因结果习性不同,需要通过整枝摘心促进及时开花坐果,早熟丰产。同一品种因整枝方式不同可以达到不同的栽培目的。一般留蔓多,叶面积大,可多留瓜,高产,但成熟晚,成熟期长;少留蔓,叶面积小,不能多留瓜,单株产量低,但早熟。因此,在华北地区露地生长适期有限的条件下,单株不宜留蔓留叶太多,留瓜也要少,以争取在雨季前早熟。甜瓜的整枝方式很多,应根据品种、栽培方式、土壤肥力、留瓜多少而定。常见方式如下。

(1)单蔓整枝 主蔓不摘心。选留 4～5 节以上中部的子蔓结瓜,瓜前留 2～3 叶对子蔓摘心,上部的子蔓根据田间生长情况可以放任生长,适时摘心或酌情疏除。我国西北早熟品种密植栽培、华北进行温室或大棚搭架栽培可采用(图 5-4 之 A)。

(2)双蔓整枝 厚皮甜瓜常用的形式之一。主蔓具 3～4 片真叶时留 3 叶摘心,子蔓 15 厘米左右选留 2 条强壮的子蔓,其余从基部摘除。子蔓长 35～40 厘米,7～8 节时摘心,留孙蔓结瓜。孙蔓雌花开花前 2～3 天花前留 2 叶摘心。子蔓上不结瓜的孙蔓留 2～3 叶摘心。结瓜后,子蔓上部的孙蔓可以放任生长。如植株生长势过旺,田间郁闭,可疏除部分不结瓜的孙蔓。在双蔓整枝中,也有疏除子蔓基部4~6节的孙蔓,让子蔓中部的孙蔓结瓜,子蔓10~12节摘心的整枝形式。这种形式早期产量稍低,但总产量和果实品质都较高(图5-4之B)。

(3)**三蔓整枝**　华北厚皮甜瓜栽培中最常见的形式。子蔓较多,田间叶面积指数增加快,坐果节位多,坐果早而整齐,有利于早熟。对子蔓、孙蔓都能坐果的早熟品种,早熟栽培的整枝方式是:主蔓4片叶摘心,选留3条强壮子蔓6~8片叶摘心。子蔓每节都能长孙蔓,绝大多数子蔓1~2节都能生雌花结瓜,但以子蔓上3~4节孙蔓的瓜发育较好,且较早熟。为了防止因孙蔓迅速生长争夺养分,影响坐果,在雌花开放前2天花前留2片叶对孙蔓摘心(图5-4之C)。

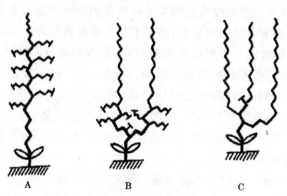

图5-4　甜瓜的整枝方式
A. 单蔓整枝　B. 双蔓整枝　C. 三蔓整枝

通过整枝可以控制营养体的大小,既不要因营养体过旺,也不要因营养体过小而影响果实的产量和品质;同时,整枝可以调节营养生长和生殖生长的关系,使营养体生长到一定的时候,适时地向生殖生长过渡,及时开花坐果,如期获取高产。

整枝应在晴天中午、下午气温较高时进行,伤口愈合快,减少病菌感染;同时,茎叶较柔软,可避免不必要的损伤。整枝摘下的茎叶应随时收集带出瓜田。有露水或阴雨天不应整枝。摘除侧蔓以长度2~3厘米为宜,过短抑制根系生长,过长浪费养分。

单株留叶太少,整枝过度,植株容易早衰,果实不能充分长大,含糖量也低。过早摘除所有生长点的"省工整枝"法并不合理。实践证明,坐果后子蔓先端1~2孙蔓放任生长对防止植株早衰有利,尤其在干旱、瘠薄的地块,叶小株丛小,整枝更不应过狠。

如坐果前整枝过度,果实发育期壮龄叶比例太低,果实因得不到足够的营养物质而出现瓜小、轻、偏长,含糖量低,植株早衰多病。摘心不宜过早,过早会影响其他叶片的功能并加速老化。

4. 摘心 摘心可以调节植株体内营养物质的分配,营养物质的流向与生长素浓度呈正相关。植株体内以茎尖生长点生长素浓度最高,往下各节依次递减,坐果节生长素浓度较高。当摘除茎蔓生长点后,叶腋生长素浓度相对较高,营养物质便向叶腋运输,侧芽及果实的营养状况得到改善而迅速生长。因此,为促进侧枝发生,应及时摘心;结果枝及时摘心可以防止化瓜并促进果实膨大。对以子蔓结瓜为主的品种,主蔓早摘心可促进子蔓生长,早现蕾开花坐果;对以孙蔓结瓜为主的品种,主蔓、子蔓早摘心,孙蔓可以早发生、早坐果。

5. 理蔓 整枝应结合理蔓,使枝叶在田间合理均匀分布,以充分利用土地,减少枝叶重叠郁闭,否则不仅影响光合作用,而且多病。理蔓还可以防止茎蔓和果实坠入水沟。甜瓜理蔓时,子蔓之间应相距30厘米以上。在气候湿润的地区和保护地栽培厚皮甜瓜,应在地面覆盖稻草或地膜,以降低地表空气湿度,预防病害和减少烂瓜(图5-5)。

子蔓迅速伸长期必须及时整枝;孙蔓发生后抓紧理蔓、摘心,促进坐果,同时酌情疏蔓,促使植株从以营养生长为主向生殖生长

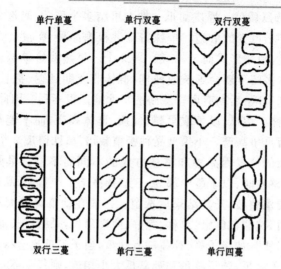

单行单蔓　　　单行双蔓　　　双行双蔓

双行三蔓　　　单行三蔓　　　单行四蔓

图 5-5　甜瓜的理蔓方式

过渡,促果实生长;果实膨大后根据生长势摘心、疏蔓或放任生长。

　　6. 开花坐果　在同一植株上,雄花先开雌花后开,按主蔓、子蔓、孙蔓的顺序自下往上开放。清晨气温 20℃ 左右开放,很快盛开,中午过后开始萎缩,傍晚闭合。1 朵花通常只开 1 次,上午 10 时以前授粉结实率最高。气温低于 18℃ 不开花。25℃～30℃ 是花粉管伸长的适宜温度。

　　开花前遇阴雨天,植株同化作用弱,开花前的夜温过低(15℃ 以下),花粉成熟不良;开花前夜温过高(30℃ 以上,如热风),呼吸消耗过多。这些原因都会影响受精而造成果实畸形甚至落花落果。开花当天如果下雨使花内进水,会使花粉破裂,柱头黏液被冲洗,也会影响授粉受精。正常情况下,从授粉到子房内全部胚珠完成受精,需要 24～48 小时。

　　甜瓜花的结构为虫媒花,传粉昆虫主要是蜜蜂、蓟马等。放蜂、人工辅助授粉、使用生长调节剂(坐瓜灵等)可促进坐果。

7. 选瓜留瓜 厚皮甜瓜一株上可结多个瓜,及时选瓜留瓜是栽培中必不可少的措施。单株留瓜数根据品种、密度、水肥条件、整枝方式、栽培形式而定,一般1～2个。早熟栽培单株留瓜不宜多。单株多留瓜还会延长成熟期,群体收获期延迟、拖长,这对适宜生长期有限、后期有雨季威胁的华北地区很不利。因此,应提倡密植、单株少留瓜,以争取早熟、优质、群体高产,而不能片面追求单株多留瓜争高产。小果型品种密植栽培,单株留瓜2个。

留瓜的位置因品种和整枝方式的不同而不同。早熟品种双蔓、三蔓整枝时,以子蔓中部3～5节孙蔓结瓜产量高,品质好。生产中按要求整枝,任其结果后选留。一般在幼瓜鸡蛋大小开始迅速膨大时,选颜色鲜嫩、对称、完好、两端稍长、果柄较长而粗壮、花脐小的果实。如果子蔓、孙蔓都有幼瓜,当子蔓瓜比全株其他瓜都大时,留子蔓瓜;若子蔓瓜和孙蔓瓜大小相近,则留孙蔓瓜,更能高产。留瓜数超过1个时,尽可能留在不同的子蔓上。选留幼瓜分1～2次进行,未选中的瓜全部摘除,然后浇膨瓜水。

幼瓜膨大后,需在瓜下垫瓜垫,以使空气流通,防止高湿造成烂瓜,并可减少阴阳面的品质差异。瓜垫可用草或泡沫做成。

(六)采　收

厚皮甜瓜果实充分成熟后含糖量高,风味好。过早采收影响品质;过熟采收,品质、风味很快下降,甚至发酵,不耐贮运。外运商品瓜于成熟前3～4天,成熟度8～9成时采摘。果实硬度高,耐贮运,在运销中达到成熟,也能保证品质。采收标准可参考以下几点。

1. 坐果时间 不同品种从开花到成熟所需时间不同。可在开花时进行标记,到时采收。

2. 离层 一些果实成熟时,在果柄着生处会形成带透明的离层环。成熟时,果实显现出品种的固有特征,如颜色、网纹、棱沟等成熟果的特征。

3. 芳香味　有香气的品种成熟时果实产生香气。

4. 果实外表　成熟时,果实显示出品种的固有品质,如颜色、网纹、棱沟等成熟果的症状。

5. 硬度　成熟果实硬度已有变化,果皮已有一定弹性,尤其花脐部分。

6. 植株特征　不同品种表现不同,如坐果节卷须干枯,坐果节叶片失绿(镁被转移)等。

采瓜应在早上或傍晚温度较低、瓜面无露水时进行。瓜柄剪成"T"形,轻拿轻放,防止磕碰挤压,随即装箱装筐。箱上开通气孔,箱内放干燥剂(如生石灰包)降低湿度。贮藏的温度为3℃～4℃,空气相对湿度70%～80%。暂不运走的瓜应放在遮阴、通风、干燥、温度较低的室内。

二、塑料中小拱棚春季早熟栽培技术

塑料拱棚栽培是保护地栽培中设施最简单的一种栽培方式。由于它的投资少成本低,管理技术易掌握,经济效益较好,易被农民接受。

(一)茬口安排

河北省北部及京津地区小拱棚栽培可于3月上旬育苗,4月上旬定植,采收时间在6月上中旬至7月上旬;中棚栽培2月中下旬育苗,3月中下旬定植,5月下旬至6月上旬收获;如果加盖草苫或无纺布等保温材料,育苗及定植还可以提早10天以上。

(二)品种选择

春季塑料拱棚早熟栽培适宜选耐低温、生长发育快、早熟、耐湿、坐果容易、抗病性强的品种,并具有外形美观,含糖量高,丰产和商品性好,适销对路的特点。目前,栽培的品种主要有伊丽莎白、迎春、古拉巴、西薄洛托、郑甜1号、丰甜1号、中甜1号等。

(三)育 苗

育苗可以在温室、大棚或阳畦内进行,采用营养体育苗。一般苗龄30～35天,幼苗3～4片真叶定植。

(四)整地做畦

甜瓜定植的田块要求是土层深厚、富含有机质、通气和排水良好的沙壤土。地下水位较高或低洼地、容易积水的田块,不适宜种植甜瓜。甜瓜对茬口要求严格,忌重茬和连作。轮作年限以2～3年为宜。在选择好田块的基础上,越冬前深翻土壤,经过冻融交替过程,使土壤熟化,改善土质。瓜苗定植前1个月,对土壤进行翻耕,施足以腐熟鸡粪为主的有机肥,满足甜瓜对各种元素的需要。同时,结合开沟做畦,施一定数量的三元复合肥作基肥,以获得甜瓜的优质高产。一般每667米² 基肥用量:腐熟鸡粪1 000千克加菜籽饼100千克,或三元复合肥40千克加过磷酸钙25千克,基肥用量约占甜瓜一生总用肥量的70%。基肥要均匀撒施于整个畦面,并与土混匀。

一般做高畦栽培,畦高20～25厘米,畦宽可根据栽培方式、高畦上栽植的行数和整枝方式而不同,有1.2～2米各种宽度(畦宽还应考虑拱架宽度)。保护地内湿度大,各种保护地的高畦都应覆地膜,甚至高畦、畦间所有地面全覆地膜。为降低空气湿度,减少病害,还可在行间再覆稻草、麦秸等。在连作栽培时,为避免土壤中必要元素的缺乏及土传病菌增加,应重视土壤处理,用客土法换土,或用消毒剂与床土拌和均匀,塑料膜严密覆盖10天左右。保护地支架应在每次定植前用硫磺等药剂熏蒸消毒。

(五)定 植

定植最好选择在温暖的晴天进行,晴天地温高、缓苗快,如果定植后有1周的晴好天气,小苗就能缓苗复壮。

定植密度依据品种及整枝方式而定。双蔓整枝的密度 1 500 株左右,多蔓整枝的密度 1 300 株左右,每畦定植 2 行,定植穴交错。先按设计的株行距开穴,施基肥浇水,待水渗下后再培土封穴。定植时应将大小一致的苗栽在一起,以利于管理。定植后即插架扣好小拱棚,每拱棚扣 2 行。

(六)定植后的管理

拱棚空间小,受外界自然条件影响,尤其温度变化剧烈,昼夜温差较大;如果不加保温物(如草苫、无纺布等),棚内最低气温仅比外界高 1℃～2℃,因此小拱棚厚皮甜瓜的管理应据此进行。

1. 温度管理 幼苗定植后 1 周内,即在缓苗成活前为保温阶段,一般均不揭开棚膜,把棚温控制在 30℃左右。但要注意,若晴天温度过高(超过 35℃)或空气湿度过大时,可在中午把南头棚膜短时间揭开通风降温排湿。

定植后 1 周左右幼苗开始生长,棚内温度应适当下降,白天维持在 25℃～28℃,夜间不低于 12℃。当拱棚内温度达到 32℃时开始通风,降至 20℃～22℃时关闭风口,利用通风时间的长短和通风口的大小来调节棚温。以后随着外界气温的逐渐升高,揭开南北两头棚膜,使棚内过风,然后顺序再揭东西两侧的棚膜,以逐步加大通风量。当夜间气温稳定在 15℃以上时可将四周棚膜卷起拉高并固定在压膜线上,也可以把拱架拔起升高、放宽,使农膜离地面高约 30 厘米。以上两法均可使棚膜像伞一样撑在甜瓜畦上,既可通风又能避雨,直到收获,可以保花保果,加大昼夜温差,以提高果实含糖量,减少病害以确保稳产。通风时应注意掌握循序渐进的原则:开始通风时,通风口要小、要少,以后再逐渐加大通风口,增加通风口数量。骤然放大风口易造成闪苗。5 月份外界气温迅速回升后,在逐渐加大风量的同时,可将薄膜两侧揭开固定于拱棚骨架上,长期通风。这样可以防止瓜秧被雨淋,减少病害的发生。

2. 肥水管理　保护地内蒸发量较小,空气湿度较高。因此,应严控各时期的灌水,不同生长时期土壤最大持水量是:定植至缓苗 80%,缓苗至坐果 65%～70%,果实膨大至定个 80%～85%,成熟期 55%～60%。为了降低空气湿度,减少病害,除通风外,保护地宜采用膜下暗灌或滴灌。定植后及时浇定植水,定植 1 周后再浇 1 次缓苗水。为使根系向纵深发展,此期以不缺水为前提,注意控制灌水。7～8 片叶以后植株生长加快,甜瓜需水渐多,灌水量要加大。坐果以后,果实膨大期需水量最大,需要灌大水,此期缺水会影响瓜产量。收获前 10 天停止浇水。灌水最好在早晨或傍晚进行,保护地切忌中午灌水。灌水时注意不要让水直接接触到根、茎部。

基肥施足,一般不用追肥。如需追肥可在膨果期追 1 次豆饼水和 1 次过磷酸钙浸出液。另外,考虑到保护地栽培密度大和覆地膜的特点,追肥以根外追肥比较适合。在瓜膨大期用 0.3%磷酸二氢钾喷洒叶面,5～7 天喷 1 次,共喷 2～3 次。也可用 1%～2%过磷酸钙浸出液或 0.3%钾盐溶液交替喷洒,效果较好。

3. 整枝　厚皮甜瓜的整枝方法依品种结果习性、栽培方式和栽培目的而定。塑料拱棚多爬地栽培,主要采用以下整枝方式。

(1) 双子蔓 4 果式　选留子蔓 2 条,25 节摘心,每条子蔓结瓜 2 个。选子蔓 10～14 节的孙蔓为结瓜预备蔓,10 节以下的孙蔓及早摘除,14 节以上的孙蔓留 1 叶摘心,结果蔓在瓜前留 2 叶摘心。先端的孙蔓根据后期长势处理,摘心或放任。双子蔓 4 果式适用于早熟小果型品种宽行栽培。

(2) 双子蔓 2 果式　主蔓 4 叶摘心,选留子蔓 2 条。子蔓 14 节摘心,选中部 6～8 节的孙蔓坐果,瓜前留 2 叶摘心。6 节以下的孙蔓及早摘除,8 节以上的孙蔓留 2 叶摘心。每一子蔓上各留瓜 1 个。适用于小果型品种高畦双行密植栽培。

果型较大的品种采用双子蔓 2 果式整枝法,主蔓 4 叶摘心,留子蔓2条、16节摘心,选子蔓7~8节的孙蔓结瓜,瓜前留2叶摘心,9~13节的孙蔓留1叶摘心,14~16节的孙蔓根据植株长势处理。

整枝应在植株生长过程中随时进行,以免养分浪费,伤口小也易愈合。同时,整枝应尽量在晴天进行,这样有利于伤口愈合,减少病菌由伤口侵入。

4. 授粉与留瓜　保护地栽培须进行人工授粉。每天上午8~10时,将当天开放的雄花去掉花瓣,在当天开放的结实花柱头上轻轻涂抹即可。采用番茄灵蘸花也可提高坐果率。方法是:上午8~10时选择当天开放的结实花,用20毫克/千克药液蘸果柄,注意不要让子房沾上药,不要重复,以免发生裂果和畸形果。此法比人工授粉省工,坐果率达95%。

坐果节位要注意选择在中部或接近中部,直立栽培10节左右适当。坐果后6~7天,当瓜有鸡蛋大小时,在结果预备蔓中选留大、圆而稍长的瓜,摘除小、短圆和畸形的瓜。小型果品种单株留2个瓜,大型果品种只留1个瓜,地爬栽培单株留瓜2~3个。坐果节位的不同直接影响瓜的产量和品质。一般低节位的瓜小,呈扁圆形,易出现畸形,早熟,含糖量高。高节位的瓜也不大,呈长圆形,果肉薄,晚熟,含糖量低,一般无商品价值。只有中部节位的瓜个大,呈标准圆形,含糖量高。

(七)采　收

成熟瓜的采收标准,确定适时采收期可从以下几方面来定:一是要以品种成熟性,即开花到成熟天数来定;二是果皮色泽鲜艳;三是果蒂部形成环状裂纹;四是软肉型品种成熟时脐部开始变软;五是果实散发出浓郁香味。

采收时宜用剪刀剪下,防止扭伤瓜蔓。采后及时清洁瓜面,贴上商标,严格分级,单果套上网套包装,并随时了解周边城市瓜果市场的信息,进入流通渠道上市出售。部分品种采摘装箱后,需堆放 1～3 天,确保后熟,增加糖度。珍贵的品种,采摘时还需要戴好手套,以防机械损伤。

三、塑料大棚春季早熟栽培技术

河北省及京津地区塑料大棚春季早熟栽培一般 2 月中下旬播种,3 月 20 日左右定植,5 月中下旬采收。

(一)品种选择

目前,大棚生产应用的品种主要有:迎春、伊丽莎白、西薄洛托、蜜天下、朱丽亚等。近年,由于迎春在品质、产量、效益方面优势突出,受到各地栽培者、消费者的普遍欢迎。

(二)培育壮苗

1. 育苗场所和方式 一般在加温温室或改良日光温室采用电热温床育苗。由于厚皮甜瓜根系再生能力较弱,因此宜采用营养钵育苗。营养钵的大小以 10 厘米×10 厘米×12 厘米为宜。苗龄长,钵体过小会影响根系发育,定植时易损伤根系。营养土的配制见第三章第一部分营养土育苗有关内容。

2. 播种期 大棚栽培播种期受定植期的限制。定植期以棚内 10 厘米地温稳定在 12℃以上为宜,厚皮甜瓜苗龄一般为 30 天左右。因此,根据当地的适宜定植期往前推 1 个月即是合适的播种期。

3. 播种 种子经过温汤浸种催芽后,每钵 1 粒,播种于钵内(营养钵提前浇透水),种子表面覆土厚 1 厘米左右。为防地下害虫危害,需在苗床四周撒毒饵,然后盖好地膜。种子拱土时立即撤掉地膜,防止中午高温烤苗。

4. 苗床管理 播种到出苗前,高温管理促进出苗。气温白天 30℃～35℃、夜间 20℃以上为宜。出苗至子叶展平,是幼苗下胚轴生长最快、最易徒长的时期,应降低温度,一般以白天 22℃～25℃,夜间 12℃～13℃为宜。子叶展平、真叶出现以后,幼苗不易徒长,可以将室温再次提高,白天 25℃～30℃,夜间 15℃左右。这样,采取昼夜大温差育苗,对培育壮苗十分有利。定植前 1 周要加大通风量,加强炼苗,以便秧苗适应定植后的环境,尽快缓苗。

(三)定　植

1. 定植期　当大棚 10 厘米地温达 12℃以上时即可定植。由于各地的气候条件不同,定植时期也不一样,华北及京津地区定植时期一般在 3 月 20 日左右。如果采用在大棚内加盖小拱棚,小拱棚加无纺布等保温物,大棚外围草苫等一系列保温措施,定植期还可提前 10～15 天。由于定植时外界气温较低,大棚要提前 15 天扣膜烤棚增温,使地温尽快上升。

2. 整地做畦　厚皮甜瓜根系好气性较强,要求定植地要深耕细作。前茬作物收获后,应对耕地进行耕翻。基肥以有机肥(如圈肥、鸡粪等)为主。为了不对厚皮甜瓜造成肥害,减少病虫害的发生,圈肥及鸡粪必须经过高温发酵后方可使用。每 667 米² 有机肥用量 5～6 米³、硫酸钾型复合肥(氮、磷、钾含量各为 15％)150千克以上或磷酸二铵 50 千克加硫酸钾 25 千克。在南方地区,为预防枯萎病及其他病害的发生,结合整地施肥,可每 667 米² 施生石灰 75 千克、多菌灵可湿性粉剂 1 千克。肥料的 2/3 均匀撒施后翻地、整平,余下的 1/3 集中施于定植行,然后做垄。行距 60 厘米,垄高 20 厘米。

3. 定植操作　开穴定植,株距 50～60 厘米,每 667 米² 栽2 000～2 200 株。定植穴内可以施入生物钾肥,每 667 米² 用量 4～5千克。定植时要注意:土坨必须与周围土壤接触紧实;定植水要浇透;土坨表面与垄面相平;若用嫁接苗,定植时一定要让接口露出地面,以免厚皮甜瓜产生自生根,影响嫁接效果;垄上进行地膜覆盖,既可保墒,又可以提高地温,还可以有效降低大棚内的湿度。

(四)定植后的管理

1. 吊蔓和整枝　大棚栽培,为充分利用空间,多采用吊蔓方式进行搭架。大棚厚皮甜瓜栽培多采取单蔓整枝,主蔓 13 节以下不留侧蔓。如瓜秧较弱,可以留最底部 4 个左右侧枝,留 4~5 片叶摘心。主蔓 13~16 节坐瓜,坐瓜后瓜前留 2~3 片叶摘心。单株留瓜个数依据品种、土壤肥力及管理水平而定。早熟品种,地力较强、管理水平高的可以留双瓜,反之,留单瓜。留瓜时,切忌贪多。单株留瓜数过多,果实个小,商品性差,尤其是大果型品种。主蔓长至 27~28 片叶摘心,顶尖下留 3~4 个侧蔓,作为二茬瓜的结果枝。第二茬瓜结果后,留 2 个无果枝,不掐尖,促其生长,以保持生长势。

2. 温湿度管理　甜瓜生长的适宜气温是 25℃~30℃,但不同生长发育阶段所需的温度不同:定植至缓苗,要求温度较高,白天 27℃~30℃,夜间不低于 20℃;缓苗后通风降温,开花前白天 25℃~30℃,夜间 15℃左右;开花期白天 27℃~30℃,夜间 15℃~18℃;果实膨大期白天 27℃~30℃,夜间 15℃左右;成熟期白天 28℃~30℃,夜间 12℃~15℃。坐果前要求昼夜温差在 10℃~12℃,坐果后 15℃以上。昼夜温差较大,有利于糖分积累,提高果实品质。

大棚内的空气湿度,主要依靠通风进行调节。坐果前,植株对空气湿度适应性较强,要求不太严格。坐果后对空气湿度反应敏感,空气湿度过大,会影响下茬瓜花的开放,推迟花期,造成茎叶徒长,易发生病害。此期如果温度与湿度发生矛盾,应以降低湿度为主。总之,厚皮甜瓜不耐空气湿度过高。坐瓜前白天控制空气相对湿度 60%~70%,夜间不超过 90%;坐瓜后白天 60%,夜间不超过 80%。

3. 追肥浇水　定植缓苗后,可视土壤墒情及长势浇缓苗水。伸蔓期,如墒情不足可浇伸蔓水,同时随水每 667 米² 施尿素 5 千克。坐果后果实膨大期要加强肥水管理。膨瓜水要浇 1~2 次,第

一次浇水每 667 米² 随水追施硫酸钾型复合肥 35～40 千克,5～7
天后浇第二次水。如植株长势较弱,可以再追施硫酸钾型复合肥
5～10 千克。浇膨瓜水不能漫过高畦顶,切忌过大,大水漫灌易引
起病害的发生。第一茬瓜收获后,随水每 667 米² 追施 15～20 千
克三元复合肥,促进第二茬瓜生长发育。

4. 保果措施　大棚栽培,传粉昆虫较少,需用防落素涂抹瓜
胎,并辅助人工授粉帮助坐瓜。人工授粉方法:一是用软毛笔,在
雌花开放散粉后,在花内轻轻搅动一下即可(厚皮甜瓜是两性花,
自身可以授粉)。二是雄花开放散粉后,将雄花取下,去掉花瓣,对
雌花柱头轻轻涂抹。授粉时间以上午 9～11 时为宜。

5. 定果　当幼瓜鸡蛋大小时,疏果定果,根据植株长势,单株
留果 2～3 个,以充分发挥此品种单果重达 1 千克左右的优势,提
高种植效益。定果后浇第一次膨瓜水,并随水追施硫酸钾型复合
肥 35～40 千克。以后根据天气确定是否再浇水追肥。过于干旱,
果实品质下降。但一般情况下在瓜定个后即不再浇水,以保证产
品品质。

(五)采　收

准确判断成熟度是甜瓜适期采收的关键技术。采收期是否适
宜对品质和贮运影响很大,一般根据品种熟性特征进行判断。一
是果皮色泽转变,显现出品种固有的色泽、网纹等,且果面发亮;二
是开花后的天数,从开花之日起,早熟品种 30～35 天成熟。充分
成熟的果实品质最好,但货架期短,适宜供应本地市场;接近成熟
的果实适于贮藏或运销外地市场。甜瓜采收应在无雨阴天或晴天
无露水的早晨进行。晴天午后采收的甜瓜果实,应遮阴散放过夜,
自然冷却后装箱,装车运输。采收的甜瓜应分级包装后发运,拣
选、分级、包装应在干燥通风处进行,避免阳光直射。甜瓜用发泡
网或绵纸包裹装箱,箱子须设通气孔,每箱重量 10 千克左右。

四、塑料大棚秋茬栽培技术

华北及京津地区一般7月上旬育苗,7月下旬定植,10月上旬收瓜。一般苗龄15～20天,秧苗2叶1心即可定植。这一茬苗期正值夏季,此时的环境条件是强光、高温、多雨或有露水,虫害较为严重。苗期根系发育不好,易徒长,易发生病毒病,幼苗遇雨淋或结露易引发多种病害;同时,高温、长日照不利于厚皮甜瓜的花芽分化。播期过晚,生长后期最易受9～10月份气候变化的影响,特别是开花期若在9月下旬,外界气温降低,果实膨大会受影响。由于这茬栽培期整个过程是由高温、强光、高湿向低温、少日照过渡的一个变化过程,时间安排必须合理。做到前期不受高温影响,后期不受低温危害,产品发育期有较良好的生态条件,且能在霜冻前收完。

(一)品种选择

秋茬厚皮甜瓜应具有耐高温、抗病、坐果容易、含糖量稳定的特点。大棚厚皮甜瓜秋茬栽培品种可选伊丽莎白、迎春、兰丰或秋华2号等。

(二)培育壮苗

育苗畦要选在排水良好的高地,通风要好。苗畦上搭拱棚,遮阴防雨。拱棚膜四周卷起30厘米高,四周安防虫网,既通风又防虫。秋茬栽培育苗期是关键,应注意几点:一是做到种子发芽整齐一致,保证苗齐、苗壮。二是播种后苗床既要保证种子发芽所必需的水分,又要防止苗床湿度过大,导致发芽不良。三是要防止病毒病的发生。病毒病的主要传播途径是接触传染及昆虫传毒。因此,主要应预防蚜虫、飞虱的发生,纱网一定要上好,封口严密。同时,对潜叶蝇、白粉虱等要提早防治,一旦发生可以喷施阿维菌素、吡虫啉等药剂。四是预防幼苗徒长。高温、高湿很容易使幼苗下胚轴过长,形成高脚苗。因此,要注意水分管理,并防止幼苗生长过密,营养钵至少做成 8 厘米×8 厘米×10 厘米大小。五是下种时要在种子上下各铺一层 72%霜脲·锰锌可湿性粉剂 800 倍液的药土,预防苗期病害的发生。六是播种后覆土要均匀,否则出苗不齐。七是苗龄要严格控制在 15 天左右,不能过长。八是遮阴不能过度,只有在晴天中午温度过高、光照过强时适度遮阴,遮阴时间一般为晴天上午 10 时至下午 3 时。

棚室消毒:为防止枯萎病发生,在整地时用噁霉灵进行土壤消毒,以杀死土壤中的病菌。其他病害可用 50%多菌灵可湿性粉剂或 70%敌磺钠粉剂、50%甲基硫菌灵可湿性粉剂 1 000 倍液喷洒土壤,或拌成药土撒后翻入土中。有地下害虫发生的棚,可以喷洒杀虫剂。将大棚提前扣好,选晴天将大棚密闭,使之升温达到高温灭菌的目的。高温灭菌可以杀死土壤表面及架材表面的病菌。

(三)整地施肥

方法及施肥用量同本章第三部分塑料大棚春季早熟栽培有关内容。

(四)定 植

秋季栽培是在高温高湿环境下生产,密度过大,通风透光不良,很容易引起病害的发生,因此定植密度应比春季栽培稍小。一般早熟品种每 667 米² 定植 1 800～2 000 株,行距 60 厘米,株距 55 厘米;中晚熟品种每 667 米² 定植 1 800 株左右,行距 60 厘米,株距 60 厘米左右。定植时土坨要与地面平,不能埋坨过浅。定植后马上浇定植水,水要浇透。

(五)定植后的管理

1. 植株调整 秋延后厚皮甜瓜栽培,由于前期外界温度较高,对厚皮甜瓜生长发育不利,植株长势较弱。因此,整枝不能过度,要轻整枝。前期 5 节以下长出的子蔓可保留,待长至 4～5 片叶时摘心。较大的叶面积不仅有利于地上部的生长发育,而且对根的生长也有很大的作用。强大的根系可以提高植株在夏季耐高温的能力。

秋茬栽培中,及时去除老叶,保留新叶也是一项增产的措施。前期温度较高,叶片老化较快,果实定个后,要分批摘除下部衰老、病虫危害的叶片。去老叶要遵循分次去的原则,不能一次去太多,以免减弱植株长势。对于上部长出的子蔓不宜全部打掉,可在主蔓顶部留 2～3 条子蔓,其上保留 3～4 片叶打顶,使叶片不断更新,使植株有较充足的营养面积、旺盛的长势,保证果实充分成熟。

2. 温湿度管理 定植后,由于外界温度很高,应加大通风量,将大棚两侧的围子提起来,使棚温尽量降低。下雨时,大棚两侧的围子要全部放下,防止雨淋幼苗,通风口处要全部上纱网,防止害虫进入。8 月中下旬厚皮甜瓜进入开花坐果期,外界温度仍很高,温度过高不利于厚皮甜瓜授粉受精。因此,要加大通风,降低温度,同时必须进行人工辅助授粉或用坐瓜灵帮助坐果。坐瓜灵浓度宜低,此时温度较高,浓度过大会引起裂果。

3. 肥水管理 瓜苗长到 4 叶 1 心时,即进入伸蔓期,要尽量使植株形成大的叶面积,为以后坐果及果实的膨大奠定基础。肥力不足或土壤较干都不利于瓜苗的生长,要及时追肥浇水,以促进伸蔓。可以随水冲施少量速效氮肥,每 667 米^2 可追尿素 5～7.5 千克。厚皮甜瓜伸蔓期需水量较大,在此外界高温、蒸发量大的时期应使土壤保持适当的湿度。开花到坐果前一般控制浇水,以防植株旺长,影响坐果。果实鸡蛋大小时,要进行疏果。根据品种特点及植株长势,单株留果 1～2 个,然后浇膨瓜水,每 667 米^2 追三元复合肥 30～35 千克。5～6 天后再浇第二次膨瓜水,追施同样肥料 10～15 千克。接近成熟时要停止浇水,使土壤保持适当的干燥度,以有利提高果实的品质和促进成熟。定植缓苗到果实定个的时期内,要隔7～10天喷1次叶面肥。较好的叶面肥有迦姆丰收、宝力丰、菜丰等。

(六)采 收

此茬厚皮甜瓜成熟后,如市场价格不高,可以暂放一段时间再上市,采收时将果柄剪长一段,置于6℃～8℃、空气相对湿度80%左右的条件下存放。对于一些耐贮品种如迎春、兰丰可以存放达1～2个月。

五、日光温室冬春茬栽培技术

日光温室厚皮甜瓜分冬春茬栽培和秋冬茬栽培,生产上以冬春茬栽培为主,冬春茬栽培多为12月上中旬播种育苗,翌年1月中下旬定植,3月上中旬进入始收期,4月下旬至5月上旬收获二茬瓜。近年来,由于受前期瓜价高的影响,上市期有逐年提早的趋势,有的播种期提早到11月上旬,12月上中旬定植,翌年2月下旬即可采收,4月上中旬收第二茬瓜。

冬春茬厚皮甜瓜冬季生产的难度是连阴天,尤其是在1～2月份低温阶段的连阴天和下雪天。连阴天时由于室内气温低,墙体、地面和后坡蓄热量小,造成早上6时前后室温过低,一旦出现低温寒害,会对生产造成严重损失。建造温室首先要考虑到保温性能,要求采用高效节能型日光温室,当冬天室外温度在−16℃时,室内温度可达5℃左右,如不遇连续阴天还可提高2℃～3℃。即使出现5℃左右低温也是短时低温,对甜瓜生长没太大影响。一般情况下,室内最低气温在10℃～12℃。按以上标准建造的温室,多数年份冬季不加温,甜瓜能够安全越冬。

(一)品种选择

日光温室冬春茬厚皮甜瓜一般以早熟或中早熟品种为主。如迎春、伊丽莎白、状元、西薄洛托、兰翠,或网纹厚皮甜瓜品种如翠露、兰丰等。特殊需要也有种植晚熟的网纹厚皮甜瓜。

(二)培育壮苗

1. 育苗方式 厚皮甜瓜冬季育苗采取日光温室内加小拱棚营养钵育苗。小拱棚设在温室的中部,苗床宽1.5米左右,太宽不利于农事操作。小拱棚高度在1～1.5米,夜间可加盖草苫、棉被或无纺布等保温物。

2. 适期播种 河北省及京津地区一般在12月上中旬播种为宜。

3. 苗期管理 整个苗期正处在全年温度最低的时期,保温、增温是管理的关键措施。播种后,在畦的四周撒毒饵,防虫害及鼠害。厚皮甜瓜出苗温度要求较高。要使拱棚保持尽量高的温度,白天早揭覆盖物,使拱棚内温度保持白天30℃～32℃,夜间20℃以上,促进早出苗。幼苗拱土时,及时去掉地膜。从幼苗出土到子叶展平、真叶出现这一段时间,幼苗下胚轴极易伸长形成徒长。因此,出苗后,开始适量通风放湿,防止下胚轴过度伸长形成"高脚苗"。一般保持白天25℃～28℃,夜间12℃～14℃,如果出苗时床温低,出苗时间长,消耗养分多,容易使幼苗细弱,影响花芽分化和以后的开花结果。真叶出现以后,可以将温度适当提高,白天28℃～30℃,夜间15℃左右。夜温不能过高,以利花芽分化。这一段时间要尽量使幼苗早见光,多见光,以培育壮苗。幼苗期间应随时注意通风,降低空气湿度,并增加日照,防止苗期病害的发生,防止徒长。日光温室内,寒冷的季节常常湿度过大。为克服这一缺点,自幼苗出土以后,在苗畦内要分次覆盖细干土。这样可以弥补因浇水而造成的裂缝,以利保墒,防止水分蒸发,降低空气湿度;防病控徒长,有利于培育壮苗。定植前1周可以逐渐去掉小拱棚,进行炼苗。

苗期虽短,但在管理上却十分重要:一是幼苗花芽分化早,1片真叶出现就开始了花芽分化,5片真叶出现后,与栽培有关的所有茎、叶、花已全部分化。如果此期管理不善，雌花出现的节位及雌花状况均受影响，直接影响产量与收瓜时间。二是幼根发育快，2片子叶展开时，主根可达15厘米以上，4片真叶展开主根长超过24厘米。厚皮甜瓜根系生长快，但再生能力弱。因此，把握适时定植，控制苗龄过长，大土坨定植，对厚皮甜瓜定植后的生长发育都有着十分重要的意义。

4. 壮苗标准 幼苗苗龄30～35天，3～4片真叶；生长整齐一致，茎粗壮；节间短，茎粗壮，幼苗敦实；叶片肥厚，大小适中，颜色深绿有光泽；定植时，子叶完好，根系发达，无病虫危害。

(三)定植前的准备

1. 定植期的确定 日光温室厚皮甜瓜为争取在3月中下旬上市，一般多在12月下旬至翌年1月上旬定植，同时还应考虑当地日光温室的增温性能及保温材料的保温性能。温度条件不能满足厚皮甜瓜正常生长的，应采取人工增温措施加以弥补或推迟定植。

2. 整地施肥 前茬作物要在厚皮甜瓜定植前10～15天清理干净，并进行棚室消毒处理。方法有烟熏法和药剂处理。烟熏是将锯末加入适量的敌敌畏及硫磺点燃后熏烟。可以杀死温室内虫卵、幼虫和一部分病菌。药剂处理是指用药剂处理土壤，可以结合整地施肥同时进行，每667米^{2}温室施入1～2千克多菌灵可湿性粉剂与肥土掺匀撒在土壤表面，翻入地下。为预防枯萎病的发生，在南方酸性土壤地区每667米^{2}地还可以施入生石灰100～150千克。

厚皮甜瓜喜有机质丰富及疏松的土壤，根据厚皮甜瓜生长的需求，每667米^{2}需施入腐熟鸡粪4～6米^3、腐熟有机肥3～5米^3。有机肥必须要经过高温发酵腐熟。低温沤制的肥料不能用于厚皮甜瓜生产，这类肥料不仅虫害严重，而且易导致枯萎病的发生。

厚皮甜瓜对氮、磷、钾的吸收比例为2∶1∶3.7。其中，吸收最多的是钾，吸收的氮、磷、钾有一半以上用于果实发育。因此，每

667 米² 地还需施入磷酸二铵 100 千克、硫酸钾 50 千克、尿素 25～35 千克,也可以施氮、磷、钾含量各 15% 的硫酸钾型复合肥 200～250 千克。另外,为满足厚皮甜瓜对微量元素的需求,每 667 米² 还要施入锌铁镁硼微量元素复合肥 4～5 千克。

厚皮甜瓜的根系发达,主要根群分布在 0～30 厘米的耕作层内。厚皮甜瓜株行距较大,因此基肥应集中和分散施用相结合。肥料的 2/3 可以普遍撒施,撒在地表,深翻入地下,余下 1/3 可集中施在定植行内,集中利用。

3. 做畦 定植前,按行距 90 厘米做高畦,畦宽 40 厘米,高 15 厘米左右,畦面须整细整平,呈龟背形,水沟应水平、通直。

(四)定　植

定植前 1～2 天,在苗床上集中喷 1 次杀菌剂及植物生长调节剂,如 75% 百菌清可湿性粉剂或 64% 噁霜·锰锌可湿性粉剂 600 倍液与 1.8% 复硝酚钠水剂 6 000 倍液,既能防病又能促进生长。将苗从苗床上起出,先在畦面上开沟,按 35 厘米的株距栽于沟内,埋大半坨,然后顺沟浇小水,水渗下后再覆土成垄,培好土坨。这种方法称作"栽半坨,浇小水"定植法。定植时正值气温较低的时期,如果浇水量太大,地温下降太多,不利缓苗;如果土坨栽得过深,浇小水又不易浇透,也不利于缓苗。此定植方法既可利于提高地温,又能使水浇透,利于缓苗。待地面稍干后,将沟、背打耙细致后,重新培垄。将土坨全部埋平,垄背培宽,并对垄背及沟全部覆盖地膜,使棚内尽量不留裸地,以减少棚内空气湿度,并有利于提高地温。

定植时应注意:虽然要求浇小水,但也一定要浇透,如果水浇不透,幼苗不长,形成小老苗。预防"架空苗"。所谓"架空苗"是指土坨与土壤之间接触不紧密,留有大的空隙,这样不利于新根发生,时间长了会形成"老化苗",严重的会枯死。

（五）定植后的管理

1. 坐果前的管理

（1）温度管理 定植后到缓苗这一阶段,尽量减少通风量,甚至不通风,提高棚温促进缓苗。白天 32℃～35℃,夜间 17℃～18℃,以高气温提高地温,促进新根早发生。如果当时天气寒冷,可以在温室内加盖小拱棚,增加保温效果。随温度增高可白天揭膜,晚上覆膜保温。新叶长出,标志缓苗结束。缓苗以后,将温室内的湿度适当降低,以防徒长。结合通风排湿,进行温度调整,白天一般保持在 25℃～30℃,夜间 13℃～14℃。厚皮甜瓜对地温要求较高,以 25℃左右为宜,14℃以下、35℃以上,根的生理活动受到限制。

（2）湿度管理

①土壤湿度 土壤水分过大,容易造成植株徒长及沤根,因此要严格控制各时期的土壤含水量。如果定植水浇透,坐果以前一般不需浇水。土壤水分过大还会使根系多分布在地表,向地下发展较少,不利提高植株抗寒、抗旱性,坐果后期还易出现生理性枯萎。

②空气湿度 由于厚皮甜瓜不耐空气高湿,而温室又较为密闭,易形成高湿条件,所以应及时通风排湿。目前,解决空气高湿这一问题的先进技术是进行膜下滴灌。膜下滴灌既可节约用水,又可有效降低日光温室内的空气湿度。

（3）吊蔓 瓜秧 6～8 片叶时,要及时进行绑蔓、吊蔓,使瓜秧直立生长,以免影响光照。目前,瓜架多采用尼龙绳吊架方式,特点是省工、省钱,有利于光照。为了合理利用日光温室内的光、热资源,增加种植密度,提高产量,生产上均采用吊蔓栽培,即 1 株甜瓜用 1 根聚丙烯撕裂膜带（绳）固定主蔓,膜带上端绑在温室骨架上,下端绑在插在甜瓜植株旁的木棍上,将甜瓜主蔓缠绕在膜带上,向上引伸,形成立架。

(4)整枝 一般采用单蔓整枝法,最初主蔓不摘心,下部子蔓及早摘除,留 12～15 节上的子蔓作结果预备枝,15 节以上的子蔓全部摘除,主蔓 22～25 节摘心。每条结果预备蔓上只留 1 个果形周正的瓜,瓜前留 2 片叶摘心。当幼瓜长到鸡蛋大小时,每株选留 1～2 个子房肥大、瓜柄粗壮、颜色较浅、呈椭圆形的果实,多余的果实全部疏掉。这种整枝方法在严冬栽培、前期单叶面积较小的情况下,效果良好。雄花、卷须要随时掐掉,以减少营养消耗。整枝须在晴天的上午 10 时至下午 4 时进行,使伤口及早愈合,防止杂菌感染。阴天植株上有露珠或浇水的前后 1～2 天,不要整枝或掐须。

第一茬瓜采收前 7～10 天,从植株上萌生的新蔓中选留中上部、生长势强的 2 条侧蔓作为二茬瓜的结果预备蔓,疏去多余的枝蔓和下部黄叶、老叶及病叶。

另外,如果密度较稀或大果型品种,可以采取双蔓整枝方式。当主蔓长到 5～6 片真叶时将主蔓摘心,以利侧蔓及早发生。主蔓摘心后,叶片各叶腋间均可发生侧蔓。一般靠近子叶的侧蔓较旺盛,故多留第三至第四叶的侧蔓,其余侧蔓去掉。侧蔓 8～10 节的分枝作为结果枝。果实坐住后,侧蔓瓜前留 2～3 片叶摘心,24 片叶左右打顶。双蔓整枝适用于种子不够或出苗不全(秧苗较少)的情况。双蔓整枝坐果一般比单蔓整枝要晚 5 天左右。

2. 结果期管理

(1)温度 开花授粉期白天保持 25℃～30℃,夜间 18℃左右,地温 25℃～28℃。气温 15℃以下和 35℃以上都会造成开花授粉、受精等方面的障碍,导致落花落果和果实畸形。果实膨大期白天的温度保持在 25℃～30℃,夜间 18℃～20℃,地温 23℃～28℃。气温高于 32℃或低于 10℃时,对坐果和果实膨大不利。果实膨大期对光照敏感,如低温寡照会影响果实膨大。果实成熟期应使昼夜温差达 12℃以上。网纹厚皮甜瓜在网纹发生期(坐果后

18～30 天),需夜温 18℃～20℃,13℃以下不能形成网纹。

在一天当中,温度管理需考虑厚皮甜瓜的生理特性。厚皮甜瓜喜温暖,有光照时在较高温度下光合作用更强烈。因此,上午应延迟通风,使室内温度迅速上升至 25℃,以促进光合作用。上午光合作用产物约占全天的 70%。下午 5～9 时,叶片内尚积存有较多的光合产物,这时较高的温度有利于物质转运,室内温度控制以 18℃为宜。晚上 9 时至翌日 6 时,植株完全在黑暗中不能进行光合作用,这期间应在可能范围内降低温度以抑制呼吸消耗。除开花坐果期外的其他生育期,温度可以低于 15℃,果实膨大期和成熟期可控制在 10℃～12℃,以增加果实的糖分积累。厚皮甜瓜对地温要求高,提高地温常成为保护地栽培的关键。地温不足,根系生长和生理功能受抑制,致使植株生长缓慢,茎细小而黄,现蕾开花延迟,花小,甚至未开放就黄萎脱落。冬春茬日光温室厚皮甜瓜栽培通常表现为地温不足,提高地温格外重要。

(2)湿　度

①空气湿度　厚皮甜瓜怕高湿,一般空气湿度不得过大,尤其生育后期为防病和增大昼夜温差更应避免空气高湿。网纹厚皮甜瓜较为特殊,为使网纹发生良好,在网纹发生期,空气湿度应相对较大,待网纹形成后再降低空气湿度。为保持局部高湿,促使网纹形成,短期内可用报纸或纸袋将瓜罩住,至网纹形成再去掉覆盖物。

②土壤湿度　开花、授粉、坐果期一般不需浇水,以免引起茎叶旺长对坐果不利。如土壤干旱,一般在 8～10 片叶时浇 1 次小水,补充土壤水分,满足生长需求。普遍定瓜后,幼瓜鸡蛋大小时浇膨瓜水,隔 1 周左右再酌情浇水,促使果实充分膨大。果实定个到收获一般要控制浇水,以免影响瓜的品质。膨瓜期浇水并结合追肥。果实膨大期是厚皮甜瓜一生中需水最多的时期。水分不但影响细胞分裂,并严重影响果肉细胞的膨大和重量,所以膨瓜水要

浇足,如因土壤保水力差等原因在膨瓜期不能维持所需水分,还应补浇,以防果实因缺水而造成瓜小、低产、果皮增厚硬化,后期出现裂果或发酵果的现象。

网纹厚皮甜瓜在果实膨大初期(坐果后 7～16 天)水分要足,果皮开始褪绿变硬时(坐果后 17～23 天),要控制浇水。水分过多时会使网纹粗大、不均,网纹形成期(坐果 23～30 天)又应充分供水,使网纹形成良好,网纹品种一般生育期较长,在 40 天以上。各个时期土壤相对湿度的控制标准是:定植至缓苗为 70%～80%;缓苗至坐果 65%～70%;果实膨大至定个(停止膨大)80%～85%;成熟期 55%～60%。收获前 10 天停止灌水。

(3)留瓜 坐果节位的高低依栽培季节、环境条件、管理条件、品种及植株长势而定。坐果节位低,果实小,扁平,果肉厚而致密,含糖量高。网纹品种的网纹密,坐果节位高,果实大,果形长,果肉薄而粗,含糖量低。网纹品种的网纹稀、粗。因此,种植者应依自己的实际情况灵活掌握,一般厚皮甜瓜坐瓜节位在 13～16 片叶间。这 4 个叶间的侧蔓上都要求留 1 个瓜,幼瓜核桃大小时,选留1～2 个瓜形周正的瓜,其余去掉,结瓜子蔓瓜前 2～3 片叶摘心。不留瓜的子蔓视植株长势,摘除或留 2～3 片叶摘心。定瓜后应将结瓜子蔓水平牵引吊瓜。留瓜个数也应根据品种、植株长势而定。一般大果型(单果重 1 千克以上)的品种,或植株长势较弱的,单株留单瓜;小果型(单果重 0.5 千克左右)的品种,或植株长势较旺的,单株留双瓜。选瓜前要多留瓜,要有选择的余地。选瓜应选果形周正、果皮鲜嫩、果脐较小、无病虫损伤的果实。留双瓜应选大小一致、节位相邻并尽量靠上的果实,多余的果实应及早摘掉,以免浪费营养。主蔓长到 28～32 片叶打顶。打顶后在顶尖下留3～4 条侧枝,作为二茬瓜的结果枝。当第一茬果实转色后,可以对第二茬进行正常管理并选 2 条没结瓜的孙蔓作为第三茬瓜的结果枝,同时对植株进行调整。

（4）保花保果措施 保花保果的措施很多，主要有放蜂、人工授粉与植物生长调节剂处理。人工授粉是在开花的当天，将雄花去掉花瓣，将花粉涂抹在雌花柱头上，或用软毛笔蘸花粉轻轻在柱头上涂抹。植物生长调节剂处理是在花开当天用坐瓜灵均匀涂抹瓜胎或果柄。若在植物生长调节剂处理的同时辅助人工授粉，效果更佳。用坐瓜灵处理幼瓜，坐果率可达 100％，而且瓜形周正，膨大速度加快。使用坐瓜灵时要注意：应在 25℃以下的早上或傍晚使用，严禁高温烈日下用药；同一朵花勿重复用药；药液不能沾到茎叶上；使用时间不能过早过晚。最佳时间为开花当天，使用坐瓜灵的瓜要充分成熟后再摘瓜。

（5）追肥 由于厚皮甜瓜坐果后对磷、钾肥尤其是钾肥的需求量猛增。因此，应及时补充肥料，促进果实迅速膨大。浇膨瓜水的同时应追施速效磷、钾肥。瓜秧长势较弱的可以适量加追氮肥，每 667 米^2 施尿素 10～15 千克为宜。较好的速效追肥有海克曼（又名钾宝，以色列海法公司生产，氮、磷、钾的含量分别为 12％、4％、44％），每 667 米^2 追施 40～50 千克。另外，在果实膨大期，还应多次进行叶面喷肥，以补充植株生长发育所需的速效营养。较好的叶面肥有迦姆丰收、钾宝、菜丰、大丰收等。一般在膨果期每隔 1 周喷施 1 次。

（6）打老叶 厚皮甜瓜坐果以后，随瓜的生长发育，下部叶片（叶龄 45 天以上）逐渐老化，已不再具有光合积累的功能，而且覆盖地面，影响通风透光，易引起病害发生。因此，应及时将下部老叶去掉（但也不能过早过度）。瓜定个前打掉 2～3 片，定个后基部 4～5 片老叶全部打掉。另外，为了使下茬瓜长得较好，在打老叶的同时要注意多保留新叶，使植株有较充分的光合叶面积，以制造较多的营养，供应果实充分膨大的需要。

（六）采 收

1. 成熟期的确定 厚皮甜瓜的糖分在果实近熟前急速增加。

采收过早,不但糖分低而且品质不好,采收晚又影响耐贮运性,因此采收适期应该是果实糖分已达最高点而果肉尚未变软时最佳。根据销售远近和贮运时间长短不同,采收时间又有所区别。

有些早熟品种容易落蒂,耐贮运性较差,应掌握落蒂前采收为宜。一般判断厚皮甜瓜收获适期有以下标准:①果实色泽转变及香味溢出。果实成熟时,果皮转变成其本身固有的特色,如黄色、橘黄色、黄绿色、乳白色等,并已有其特有的芳香。②果蒂周围形成离层。③结果节的老叶出现类似缺镁黄化干枯的症状。④每个品种都有其固有的生育期,可以根据坐果以后的天数进行判断。⑤采收试食。有的品种成熟时无明显特征,可以试食,以确定是否成熟。

2. 采收   在清晨温度较低、瓜面无露水时采收为宜。采收后放在阴凉通风的场所,降低果实的呼吸强度。厚皮甜瓜采收时,果柄剪成"T"形为宜。厚皮甜瓜多有后熟现象,经过后熟含糖量增加不多,但风味更佳。

六、日光温室秋冬茬栽培技术

秋冬茬栽培是在气温由高向低、光照逐渐变弱的不良气候条件下进行的,这与厚皮甜瓜系统发育中所形成的正常生长所需要的条件变化刚好相反。因此,该茬栽培有一定难度。根据多年的实践经验,秋冬茬栽培前期必须控制植株旺长,防止叶片过大。否则,在秋冬气候条件差的情况下,往往会造成果实小、病害重。

河北省及京津地区于8月下旬播种育苗,苗龄15～20天,9月上中旬定植,11月中下旬采摘第一茬瓜。该茬效益较高,因而日光温室多采用此茬口。播种过早,温度高,不利于幼苗生长,而且易感病。播种过晚,植株生育后期温度低,影响果实的发育成熟。

（一）品种选择

此茬栽培前期温度高，害虫危害猖獗，易诱发病毒病。因此，应选抗病毒病的品种，且播种前须用磷酸钠或干热法消毒种子。生育后期光照强度减弱，光照时数减少，温度降低，因此所选品种，必须能够在这样的环境条件下正常生长，可选伊丽莎白、迎春、丽春、秋宝等品种。

（二）培育壮苗

1. 育苗场所　可以在日光温室内进行，也可在棚外搭小拱棚遮阴防雨育苗。

2. 育苗方式　此期育苗也应采取营养钵育苗，否则定植时伤根不易缓苗，苗子较弱会引起病毒病的发生。由于苗龄较短，营养钵可以小一些，规格为 8 厘米×8 厘米×10 厘米即可。营养土的配制及浸种、播种方法同前。

3. 苗期管理　苗期高温、多雨、虫害严重，育苗时应采取遮阴降温、防雨、防虫、控徒长的措施，以培育壮苗。在日光温室内育苗，一般上午 10 时至下午 3 时这段时间，搭置遮阳网，以防高温强光。但遮阴不能过度，幼苗见光太少，极易使下胚轴徒长。在小拱棚育苗时，小拱棚四周应将薄膜拉起，用以通风降温。下雨时应放塑料膜封严苗床，防止雨水冲淋苗床；苗床四周不得有杂草或其他作物，并坚持定期喷药。通风口处设防虫网，防蚜虫、蝗虫及其他害虫的危害，预防病毒病的发生。苗床要设在四周比较开阔、通风良好的地块上。苗期气候条件不稳定，如遇干旱要浇水，以满足幼苗对水分的需要。苗期缺水不仅易形成老化苗，还会导致花芽分化不良，影响后期产量。苗龄不宜过长，以 15 天左右、1 叶 1 心定植为宜。

（三）定　植

定植前整地做畦（形式同冬春茬栽培），基肥以磷、氮肥为主，减少氮肥用量,防止幼苗过旺。定植时按株行距开沟摆坨,封土成垄。土坨不要过浅,要全部埋于土中。土坨过浅,地表温度过高,不利于幼苗生长;过浅还会造成根系发育不良,缓苗慢,缓苗后生长迟缓。

(四)定植后的管理

1. 中耕培土　定植后浇定植水,定植水要浇透浇足,土壤晾晒几天,进行细致锄划。对瓜秧根部培土,埋至子叶节下部。这时气温较高,培土可以降低植株根部的温度,利于根系的生长。

2. 温度管理　整个生长期要求日光温室棚膜不撤,前期温度较高时,将棚膜上下都揭开通风。遇雨天再将通风口关闭,防雨淋瓜秧引起病害的发生。为防蚜虫、白粉虱危害,在通风口处用防虫网封严,并要定期喷药。在高温、强光时,棚膜上可以设遮阳网,进行适度遮阴。

伸蔓期(即瓜秧 4 叶 1 心)时,外界气温较高,秧苗长势较弱,可以浇 1 次伸蔓水,增强瓜秧长势。当瓜秧长至 12～13 片叶时,可以根据当时情况酌情浇 1 次小水,准备坐果。进入开花期以后,夜温开始下降,可以将底风口关闭,白天温度维持 25℃～28℃。开花期不需浇水追肥,以免引起植株徒长,影响结实。为促进坐果,可以进行人工授粉,同时用坐瓜灵涂抹瓜胎。坐瓜灵的浓度可以根据温度的变化灵活掌握,温度高用低浓度,温度低用高浓度。

当温室内有 70％以上的植株坐果鸡蛋大小时浇膨瓜水,并追肥。每 667 米² 施氮、磷、钾含量各 15％的复合肥 30～35 千克。1周后再浇第二水,随水施同样肥料每 667 米² 15～20 千克。此时是果实膨大最快的时期,需肥、需水量最大,若缺肥、缺水会严重影响瓜的膨大,从而影响产量。如果天气干旱,要适当增加浇水次数。果实定个至成熟时要停止浇水,以促进果实成熟并提高果实品质。

整枝方法与冬春茬栽培一致。留瓜个数根据瓜秧的长势及品种特征而定,单株留果 1～2 个。如生长较弱,留瓜节位可稍向上移,在 15～17 节位留瓜。瓜秧 25 片叶左右打顶。9 月下旬气温变凉时,夜间将棚膜全部关闭。进入 10 月中旬气温进一步下降,温室夜间温度 15℃以下时,要及时上草苫覆盖保温。放草苫的数量根据温室内夜间所能达到的温度掌握。夜间温度保持在 12℃～15℃。

9 月下旬至 11 月中下旬采收上市。如植株完好,可根据市场要求迅速采收。一般此茬栽培不留二茬瓜。

第六章 甜瓜优质高效栽培新技术

一、甜瓜配方施肥技术

（一）甜瓜需肥特点

甜瓜生育期较短，但生物产量高、需肥量大。每生产 1 000 千克甜瓜果实约需氮 3.5 千克、磷 1.7 千克、钾 6.8 千克。三要素吸收量的 50% 以上用于果实的发育，但是不同生育期对各种元素的吸收是不同的。甜瓜幼苗期吸肥量很少，开花后，对氮、磷、钾的吸收迅速增加，尤其氮、钾的吸收增加很快；坐果后 2 周左右出现吸收高峰。以后随着生育速度的减缓，对氮、磷的吸收量逐渐下降，果实停止增长以后，吸收量很少。对磷的吸收高峰在坐果后 25 天左右，并延续到果实成熟。开花到果实膨大末期的 1 个月左右时间内，是甜瓜吸收矿质养分最多的时期，也是肥料的最大效率期。钙和硼不仅影响果实糖分含量，而且影响果实外观，钙不足时，果实表面网纹粗糙、泛白，缺硼时果肉易出现褐色斑点。

（二）甜瓜施肥技术

1. 施足基肥 为满足甜瓜前期形成丰产苗架需要，应施足基肥，以有机肥和无机肥配合施用。甜瓜属浅根性作物，施肥应深浅适宜，于大约畦高 1/2 处，双行种植采用畦中间沟施，单行种植则一侧施沟肥，一侧种瓜，避免种于基肥上方。每 667 米² 施 1 000～1 500 千克腐熟厩肥或生物有机肥 150～200 千克，配施硫酸钾型

（氮、磷、钾 15：15：15）复合肥或 BB 肥 25～30 千克、硼砂 0.5～1 千克、硫酸镁 5～10 千克。试验表明，采用有机肥、无机肥配合模式，比单施化肥总糖量提高 0.42％～1.03％，瓜果外观色泽光亮。

2. 早施提苗肥　移栽 3～5 天返苗后，要及时追施提苗肥促进早生快发，每 667 米² 用 5 千克尿素等速效氮肥进行水肥浇施；移栽后 10 天第二次追施苗肥，每 667 米² 用 5～10 千克 45％硫酸钾型复合肥浇施，满足伸蔓期肥水需要。

3. 重施膨瓜肥　开花授粉数日后，果实长至鸡蛋大小时，开始进入膨大期，上部叶片及果实发育都进入需肥高峰期，此时应重施膨瓜肥 3 次。第一次采用干施，离植株 15 厘米处穴施，每 667 米² 施尿素和磷酸二铵各 10～15 千克；隔 5 天第二次施用，每 667 米² 施磷酸二铵 10～15 千克、硝酸钾 10 千克；第三次追肥每 667 米² 施硝酸钾 5～10 千克、磷酸二铵 5 千克。

4. 巧施叶面肥　厚皮甜瓜属鲜食果品，要求甜度高、香味浓、外观美、品质优。根外追肥可改善植株根际营养，促进根部对养分的吸收，同时可增加瓜果外观色泽，提高甜度，增加香味。在苗期 1～3 片真叶时，用叶面营养液稀释后喷施，增强瓜苗抗逆性。在伸蔓期喷施 0.1％～0.2％尿素、0.05％～0.1％磷酸二氢钾、叶绿精等，以促进营养生长。在开花期喷施 0.1％～0.2％硼砂液、开花精等，促进开花坐果。在坐果后 7 天和 15 天，喷施云大 120 或甜果精，提高甜度，增加美观度。

（三）注意事项

1. 甜瓜单纯施用氮素化肥　甜瓜单纯施用氮素化肥，容易造成蔓叶徒长，影响坐果率，减少结瓜数，降低甜度。要注意氮、磷、钾肥配合使用，多施有机肥，以鸭粪、饼肥和草木灰等为好。因为粪肥肥效长，对促进植株健壮，增强植株抗病力，提高甜瓜品质和含糖量有利。

2. 甜瓜施用含氯化肥 甜瓜施用含氯化肥会影响瓜果品质，降低甜度。因此，氮肥以尿素、硫酸铵为好，钾肥以硫酸钾、草木灰为宜，不宜施用氯化铵和氯化钾等含氯化肥。

3. 甜瓜叶片对氨比较敏感 生长季正值高温季节，应尽量少施铵态氮肥，以防止甜瓜发生氨害。甜瓜缺钙会引起边缘腐烂，当花芽分化时，钙素不足会形成西洋梨形状的变形甜瓜，降低甜瓜的商品价值。出现这种现象要及时补充钙肥。

阴雨天气湿度大，土壤含水量高。甜瓜此时施肥，肥料不但容易流失，而且蔓叶徒长，叶嫩易脆，易诱发病虫害。

夏季气温高，雷阵雨多，肥料施在表土层，不但肥分层被蒸发，而且也容易被雨水淋洗流失。因此，应在甜瓜株根之间开穴深施，施后立即覆土，以利提高肥效。

土壤干旱时甜瓜施高浓度肥会使根系细胞质水溶液向外渗透，引起细胞质壁分离，导致甜瓜蔓叶生理失水而枯萎，直到植株枯死。因此，在干旱天气、土壤含水量低的情况下，应先浇水使土壤湿润后再施肥。

甜瓜是侧蔓结瓜，侧蔓上第一节处的雌花是坐果部位。要适时去顶，控制氮肥，提高侧蔓上雌花的坐果率。

二、甜瓜蜜蜂授粉技术

瓜果蔬菜应用蜜蜂授粉技术，普遍增产 15%～20%，更显著的效果是提高了果品品质。甜瓜一般应用 20～30 天，每 667 米^2 需熊蜂 1 箱。在蜜蜂授粉技术应用中，保持传粉蜂饲喂以及创造适宜授粉环境是生产管理的关键。

(一)授粉蜂群准备

用于授粉的蜜蜂需提前 1 个月准备，每一标准授粉蜂群内配备 1 只蜂王和 3 框足蜂(约 6 000 只蜂，内置 1 张封盖子脾、1 张幼虫脾和 1 张蜜粉脾)。

(二)蜂群数量

授粉蜂群的数量配备要根据目标作物的种类及大棚等生产设施大小而定。为棚室内甜瓜、西瓜和草莓等多花作物授粉,蜜蜂数量应稍多些,一般 300 米² 的棚室放 3 脾足蜂。如果棚室更大,则相应增加蜜蜂数量。

(三)蜂箱放置

作物开花前 6～10 天,将授粉蜂群搬入棚室内。蜂箱放置于棚中间偏后的位置,巢门与棚走向一致,并适当垫高箱体(最好置于离地面约 0.5 米的干燥处),加强棚室的通风换气工作,避免大棚内过高的湿气侵袭蜂群,使蜂群始终保持良好的通风透气状态,防止晴天中午高温闷热时对蜂群造成危害。

(四)适应性训练

为训练授粉蜜蜂适应大棚小空间飞翔习惯,提高授粉效果,蜂群从蜂场运送到大棚途中应关闭巢门。进棚初严格限制巢门的尺寸,开一个只能让一只蜜蜂挤出去的小缝(洞),以训练其认巢和熟悉新环境,以适应小空间飞翔习惯,待其适应后逐渐开大巢门。另外,为诱导蜜蜂尽快投入授粉作业,可在授粉蜜蜂进棚初期对目标作物喷洒浸有该作物花香味的 3％蜜糖水来引诱蜜蜂采集。

(五)饲养管理

由于大棚内空间小,小气候特殊,给蜂群正常生活带来诸多不利,使蜂群的繁殖受到一定影响。为了饲养好大棚内的蜂群,确保有足够的蜜蜂进行授粉,需加强饲养管理。

1. 喂足喂好花粉饲料　大棚内作物的花粉和花蜜往往满足不了蜂群生长繁殖所需,需另外补充。一般可用优质的茶花粉和 1∶1 的白糖浆揉搓成饼后搭于框梁,每周喂 250 克,白糖浆则隔天喂 1 次,以保证授粉蜂群推陈出新,繁衍不断。

2. 及时补充盐和水 盐和水是蜜蜂幼虫生长发育和成年工蜂生活所必需的。由于大棚内没有合适水源,要及时补充,方法是在巢门附近放 1 小碗清洁水并上浮几根干净稻草便于蜜蜂饮水时踩踏,每隔 2～3 天换 1 次水,以保证授粉蜜蜂每天采到干净水,同时在巢门旁放置少量食盐供蜜蜂取食。

3. 防药害 蜜蜂对农药特别敏感,在对大棚内作物进行喷药防病治虫时,应暂时将蜂群搬出大棚,喷药后 2～3 天再搬入。

三、甜瓜套袋技术

(一)薄皮甜瓜套袋技术

薄皮甜瓜套袋可以减少农药的残留,同时使甜瓜表面光滑,亮度增加,口感较好,提高商品质量,增加效益。一般每千克套袋成本需 0.2 元左右,提高售价约 0.8 元,每 667 米² 平均增效 2 500 元。由于本项技术投资少,容易掌握,经济效益显著,深受瓜农欢迎。关键技术如下。

1. 品种选择 应选择糖度高、果肉厚的品种,如真甜、永甜三号、永甜十一号、彩虹七号和彩虹八号等适于套袋栽培,而肉质松脆、糖度低的品种不适合套袋生产。

2. 套袋选择 优质的纸袋是套袋成功的关键,如用双层纸袋,由于遮光性太强,虽然果实光洁度好,但糖度会降低,而采用优质、防水、透光的白色单层纸袋可使糖度不下降。由于甜瓜个头较大,应根据不同形状设计不同规格的纸袋。

3. 套袋时期 甜瓜套袋的时间一般在甜瓜长到鸡蛋大小或成熟采摘前 15～18 天进行。如果套袋太早,影响瓜的膨大,瓜个小,产量低,影响效益;套袋太晚则达不到套袋的目的。

4. 套袋前的准备 套袋前 1～3 天,对瓜胎喷施 1 次保护性杀菌剂,一般选择噁酮·锰锌或代森锰锌等。

5. 套袋方法 一般选择晴天上午露水干后进行。套袋时先将纸袋用手撑开,检查通光孔的通透效果,然后用左手拿住瓜柄,右手顺势将纸袋套在瓜上,双手从纸袋口边缘向里折提至袋中心,预留出柄口,用袋边所设计的铁丝将袋口扎紧即可。套袋时注意对幼瓜轻拿轻放不可伤及瓜上的茸毛。套袋后不能大水漫灌,否则水漫透纸袋后极易引起烂瓜。

6. 脱袋时间 在甜瓜成熟前5～7天脱袋见光,直至成熟采摘上市。目的是促进甜瓜糖分积累,增加甜瓜含糖量,提高果皮耐贮运程度。

7. 注意事项

第一,在甜瓜套袋前喷施1次保护性生物杀菌剂,防止病害发生的同时也要注意药剂的使用浓度,避免瓜面发生药害。

第二,套袋时要挑选符合商品要求的甜瓜。

第三,要保证脱袋到采收的必要天数。

(二)厚皮甜瓜套袋技术

厚皮甜瓜设施栽培过程中,采用套袋技术不仅能防止病虫危害果实和田间操作对果实的伤害,还可以减少农药残留,生产的果实表皮光洁,颜色鲜艳,商品性好。下面将设施厚皮甜瓜套袋技术规范介绍如下,以供瓜农借鉴应用。

1. 品种选择 设施厚皮甜瓜套袋后,因果实表面光照减弱,影响其光合作用和干物质积累,在一定程度上会导致果实含糖量降低。因此,生产上最好选择含糖量高的品种进行套袋栽培。

2. 套袋选择 袋子要求成本低,不易破损,对果实生长无不良影响。根据材质,套袋分为纸袋和塑料袋2种。纸袋由新闻纸、硫酸纸、牛皮纸、旧报纸或套梨专用纸等做成,塑料袋为各种颜色的方便袋。套袋大小根据果实的大小确定,以不影响果实生长为宜。可将制作的套袋底部剪去一个角,使瓜体蒸腾的水分能散失到空气中,避免袋内积水,以减少病害。一般白皮类型的甜瓜对纸袋透光性要求不严格,各种类型套袋均可选用;而黄皮类型的甜瓜最好选用新闻纸、硫酸纸袋或透明塑料袋等透光性好的袋子,否则果皮颜色会变浅。

3. 套袋时间　套袋一般在甜瓜开花授粉后 10 天左右进行,这时果实大约长到鹅蛋大小。套袋过早,容易对幼瓜造成损伤,影响坐果;套袋过晚,套袋的作用和效果会降低。套袋前 1 天可在设施内均匀喷 1 遍保护性杀菌剂。套袋应选择晴天上午 10 时以后,棚室内无露水、果面较干燥时进行,避免套袋后因袋内湿度过大而引起病害发生。

4. 套袋方法　应选择坐果节位合适(一般以 12～14 节为好)、瓜形端正、没有病虫害的果实进行套袋。套袋前,应把果蒂上的残花摘除,以免残花被病菌侵染后感染果实。套袋时先用手将纸袋撑开,然后一只手拿纸袋,一只手拿瓜柄,把纸袋轻轻套在果实上,再用双手把袋口向里折叠并封口,用曲别针或嫁接夹等固定,以防纸袋脱落。套袋时一定要小心谨慎,动作轻柔,尽量不要损伤果实上的茸毛。套袋后在田间管理操作过程中应注意保护袋子,避免造成破损。

5. 脱袋时间　一般应在果实成熟前 5～7 天脱去纸袋,以促进糖分积累。黄皮类型甜瓜品种最好在瓜成熟前 7 天左右脱去纸袋,以免影响果皮着色。含糖量较高的白皮品种,纸袋可在甜瓜成熟后随瓜一起摘下,待装箱时把纸袋脱去即可。

四、作物秸秆生物反应堆技术

目前,除部分秸秆进行还田外,大多数作为燃料、养殖饲料或者直接丢弃、焚烧,利用方式不合理、效率不高,秸秆资源开发利用的空间十分广阔。与对照相比,生育期地温平均提高 2.1℃,二氧化碳提高 1 450 微升/升,果实采收期提早 5～7 天,产量增加 20%

以上,节约水肥及农药投资1 000元左右。

示范推广农业秸秆生物反应堆技术,可以提高秸秆综合利用率,增加农田养分,改良土壤结构,保护生态环境,促进设施甜瓜产业健康发展,为甜瓜高产、优质、安全生产,提供科学技术支撑。

采用内置式作物秸秆生物反应堆技术,每667米²使用玉米秸秆4 000千克左右。关键技术措施如下。

(一)菌种处理

将培养好的菌种和麦麸以1∶20的比例混拌均匀,配成栽培菌种,按每千克栽培菌种加800毫升水的比例加水混拌,拌好后的栽培菌种以用手一攥手指缝滴水为宜,拌好后起堆闷5小时后备用。

(二)挖沟填放秸秆

施肥后进行旋耕整平。在温室处理区依次开挖南北走向宽70厘米、深20厘米的浅沟,两沟间预留管理行宽90厘米,挖出的土壤分放于沟的两侧。沿沟的方向向沟内填放玉米秸秆,高度为30厘米,秸秆铺平后,按每667米²150千克的量均匀撒施饼肥,再将处理好的菌种均匀地撒在秸秆上。用铁锨轻拍一遍,让菌种进入秸秆层中,将沟两侧的土填埋到秸秆上,填埋土层厚度20厘米(起高垄)。为确保反应堆中氧气的足量供应,反应堆两端的秸秆不能全部埋住,秸秆露出长度应达到10厘米。

(三)浇水、打孔

反应堆埋好土后,要在预留的管理行内浇水,水面高度控制在垄高的3/4,使秸秆完全浸透。为促使秸秆迅速发酵升温,还要在反应堆上打孔,可用直径为14毫米的钢筋制成打孔工具,打孔深度以穿透反应堆秸秆层为准,行距30厘米,孔距20厘米。反应堆快速发酵后,表土温度迅速上升,当10厘米表土层温度升至18℃以上时即可定植。

(四)植物疫苗的处理和接种

1. 处理植物疫苗 为了防止各类土传病害对甜瓜造成危害，还要在土壤中播种植物疫苗，山东省秸秆生物工程技术研究中心研制的疫苗中有 16 种有益微生物，这些微生物在分解秸秆的同时，能繁殖产生大量抗病微生物及其孢子。这些微生物及其孢子分布在土壤中、叶片上，它们有的能抑制病菌生长，有的能杀灭病菌，防治效果在 60％以上。操作方法与拌菌种相同，时间在定植前 8 天。由于植物疫苗用量少，每 667 米² 只用 3 千克，为避免接种不均匀，可添加麦麸、饼肥分别为 100 千克、50 千克作辅料。方法是先将麦麸和饼肥混拌均匀，再拌入一定量的水，达到用手一攥手指缝滴水的程度。再与植物疫苗混拌均匀，摊放于室内或阴暗处，堆放 10 小时，温度控制不超过 50℃。然后摊薄 8 厘米左右，放置 8 天，期间要翻料 2～3 次。

2. 植物疫苗接种 将接种好的疫苗均匀撒在反应堆表土上，并与 10 厘米的表层土拌匀，整平，再重新打孔。

3. 适时覆膜定植 实施地膜全田覆盖是为了提高地温，防止土壤水分流失，同时有效控制温室内空气湿度，防止各种病害的发生。覆膜后采取一垄双行定植法，行距 60 厘米，株距 40 厘米，每 667 米² 留苗 2 000 株左右，定植后浇水缓苗并及时在垄上打孔。

4. 调查结果 调查结果分析，示范温室平均棚温比对照高 2.1℃，示范棚二氧化碳平均值比对照高 1 451.7 微升/升；示范温室缓苗时间比对照缩短 2 天；第一雌花开放期，示范温室比对照早 3 天；植株生长量，示范温室比对照生长快、主茎粗、节间距短及叶片大；应用秸秆生物反应堆技术后，第一年可减少化肥用量 50％以上，示范温室生育期每 667 米² 减少鸡粪、化肥、农药投资 1 000 元；用水量，示范温室比对照减少用水 1 次，每 667 米² 节水 45 米³；示范温室比对照生长快，成熟期早 7 天；示范温室甜瓜的商品性明显好于对照,平均单果重增加 385 克;示范温室每 667 米² 产量 3 180 千克,比对照产量增加 770 千克,增产 31.95%;示范温室甜瓜果肉含糖量达到 16.14%,比对照增加 5.18%,且糖分梯度小;示范温室白粉病发病比对照明显减轻,生育期少用药 2 次。

五、温室甜瓜有机生态型无土栽培技术

(一)栽培系统

1. 栽培槽 南北向建槽,用砖块、塑料板、水泥板等建造,高 15～20 厘米,内径宽 48 厘米,槽距 80 厘米。槽底铺 0.1 毫米聚乙烯薄膜,以隔离土壤病虫害,其上铺 3 厘米厚的基质。

2. 灌溉系统 滴灌系统由供水设施、输水管和滴灌管组成。每槽内铺设滴灌带 2 条。

3. 栽培基质 主要用草炭∶炉渣＝4∶6,或草炭∶蛭石∶珍珠岩＝2∶2∶1 的混合基质,每立方米基质加入 15 千克消毒鸡粪＋3 千克蛭石复合肥,或 10 千克消毒鸡粪＋3 千克豆饼＋2 千克蛭石复合肥。

(二)茬口安排

黄淮地区,一般冬春茬 9 月下旬至 10 月上旬播种,翌年 2 月上中旬开始采收。秋冬茬 7 月下旬至 8 月中旬播种,11～12 月份开始采收。春夏早熟栽培于 1 月上旬播种,2 月中旬定植,5 月份收获。

(三)无土育壮苗

1. 选用良种 宜选耐低温高湿、生育快、株型紧凑、果形整齐、含糖量高、肉质细软或松脆多汁、清香甘甜的品种,如伊丽莎白、状元、蜜世界、元帅等。

2. 育苗基质及苗盘准备 育苗基质为草炭、蛭石,按 2∶1 的比例配成混合基质,每立方米基质再加入 5 千克消毒鸡粪和 0.5 千克蛭石复合肥。育苗盘选用 50 孔或 72 孔。

3. 种子处理与播种 播前用 55℃~60℃温水浸种 10 分钟,不断搅拌至 30℃,继续浸种 6~8 小时。再用 50% 多菌灵可湿性粉剂 500 倍液浸种 1 小时。然后捞出沥干,置 28℃~30℃ 条件下 24~36 小时。当多数种子发芽播入育苗盘,每 667 米² 需种子 50 克左右。

4. 加强管理 播种后基质温度保持 30℃左右,当 50% 左右出苗后,及时撤掉地膜。出苗后白天室温保持 25℃~28℃,夜间 20℃~22℃,不能低于 15℃。苗齐后应逐渐通风,防止高温高湿,注意增加光照和适度浇水。

(四)定　植

待幼苗长至 3 叶 1 心或 4 叶 1 心时即可定植。定植前半个月,将基质置入栽培槽,整平浇透水,安装好滴灌带,盖上薄膜。温室内基质温度稳定在 18℃~20℃,选晴天上午按株距 30~35 厘米定植,每 667 米² 定植 2 200~2 500 株,随即浇透水。

(五)定植后的管理

1. 温度 甜瓜是喜温作物,需较高温度和较大昼夜温差,定植后温度保持白天 27℃~30℃,夜间不低于 20℃,基质温度 27℃ 左右。开花前白天 25℃~30℃,夜间不低于 15℃,基质温度 25℃ 左右。开花期白天 27℃~30℃,夜间 15℃~18℃。果实膨大期白天28℃~32℃,夜间 15℃~20℃。成熟期白天 28℃~30℃,夜间不低于 15℃,基质温度不低于 20℃~23℃。昼夜温差,结果前 10℃~13℃,结果后 15℃左右为宜。

2. 光照 甜瓜十分喜光,光照充足时,植株生长健壮,病害少,品质好。光照不足时,生育受抑制,植株瘦弱,只开花不结实。每天有 12 小时光照,植株雌花分化光补偿点 4 000 勒,光饱和点

55 000～60 000 勒。为增加光照强度,可在温室后部张挂反光幕。

3. 水分　一般每天上午 10 时浇灌 10 分钟,高温、强日照及果实迅速膨大期,可在下午 2 时再浇 1 次;雨雪及连阴天,可每 2 天浇 1 次;采收前 10 天减少浇水。

4. 养分供应　每 15 天追肥 1 次,按每立方米基质每次 2 千克混合肥撒在植株间隔(消毒膨化鸡粪∶蛭石复合肥＝2∶1)。采收前 1 个月,停止追肥。

5. 二氧化碳　为提高光合效率,提高甜瓜的品质,温室中应置二氧化碳发生器以补充二氧化碳,使其浓度达到 1 000 微升/升即可。

6. 植株调整与授粉　幼苗长到 4～5 片真叶时用塑料绳吊秧。单干整枝留第一主蔓,主蔓 8 节以下的子蔓全部摘除,8～12 节为最佳着果部位,各叶腋长出子蔓上的第一节就有雌花,这时子蔓上留 2 片真叶摘心。上午 9～10 时,摘当天开放的雄花给雌花授粉。1 周后果实有鸡蛋大小时,在主蔓两侧节位靠近的部位各留 1 个果形圆整的幼果,其余小果摘除。果实定位后,各节长出的子蔓要及时打掉,同时在主蔓有 24～26 片叶时打顶,单干整枝每株宜留 2 个瓜。双干整枝是在瓜苗 5～6 片真叶时摘心,然后选留 2 条子蔓向两边立架或吊绳,每条子蔓留 1 个果。

(六)采　收

开花后 45 天左右,果皮表现固有色泽,果实脐部具有本品种特有香味,用指弹瓜面发出空浊音者即为熟瓜。采摘时用小刀或剪刀剪除。

第七章　甜瓜病虫害诊断及防治技术

一、生理性病害

(一)苗期生理性病害

1. 沤　根

(1)危害症状　不发根或很少发新根,根皮呈锈褐色,逐渐腐烂;地上部叶片变黄,叶缘枯焦,生长缓慢;病苗容易拔起,严重时幼苗成片枯死。

(2)发病原因　苗期长期处于低温条件下,苗床浇水过多或连续阴雨天气,光照不足,幼苗过密,通风透光不良容易发病。在床温低于2℃,空气相对湿度高于85%时发病严重。

(3)防治方法　①播种前深翻晒土,整平床面,灌足底水。②采用小拱棚育苗,使用电热线提高床温,保持白天温度20℃～25℃,夜间15℃左右,晴天中午通风换气。③发病初期应立即控制灌水,及时中耕松土,并向床土撒施干草木灰。④发病严重时及时清除重病株,并进行补栽或补种。

2. 烧　根

(1)危害症状　幼苗生长缓慢,植株矮小。叶色暗绿无光泽,顶叶皱缩,须根少而短。

(2)发病原因　主要是施用未腐熟的马粪等有机肥,化肥施用量过大未及时浇水。

(3)防治方法　一定要施用经过充分发酵的有机肥,化肥施用量不宜过大。

3. 徒 长 苗

(1)危害症状　植株高大,茎细弱,节间长,叶片薄,叶色淡,根系少。不良后果是抗性差,花芽少,成活率低,难以达到早熟和高产。

(2)发病原因　主要是苗期温度过高和光照不足所致,特别是夜间温度过高更易徒长。

(3)防治方法　①晴天尽量早揭和晚盖草苫。②保持温室前屋面和温床窗扇的清洁透光。③阴天也要揭开草苫,让幼苗见到散射光。④适期移苗,避免幼苗间互相遮阴。⑤及时通风降温,控制浇水。⑥减少氮肥用量。

4. 僵化苗(老化苗)

(1)危害症状　植株矮小,茎细,叶小,叶色深绿,根系少,移苗或定植后不生新根。

(2)发病原因　主要是苗龄过长和幼苗长时间生长在低温干旱的苗床中形成的。

(3)防治方法　幼苗的日历苗龄不要超过适宜的天数。出苗至移苗前给幼苗以适宜的温度和水分,使其正常生长。移苗或直播到冷床的幼苗,尽量提高床内的气温和土温。适当浇水,按期锻炼幼苗。

(二)成株期生理性病害

1. 急性凋萎病

(1)危害症状　该病一般发生在日光温室温度急剧回升,连阴骤晴和甜瓜果实膨大期。主要表现为晴天中午上部叶片突然发生萎蔫,继而全株叶片萎蔫,早晚可恢复正常。反复数日后,严重萎蔫的植株不能恢复正常而枯死,纵剖病茎,维管束不变色。

(2)发病原因　主要是在果实膨大期,由于果实的增大、种子的成熟以及营养积累等原因,使叶片制造的养分和根系吸收水分的大部分供果实生长发育,根系的活力减弱。或者在甜瓜生长后期浇大水,土壤板结,根部窒息,导致晴天高温时使叶片水分代谢失调而发生萎蔫,如不加强管理,会造成植株萎蔫时间过长而死亡。留果数多,整枝过狠,叶果比例失调等原因加剧地上、地下水分供求矛盾而常致此病。

(3) 防治方法 ①加强苗期管理,培育壮苗。②轻整枝,多留叶,促根系生长。一般在主蔓 10 片叶以下保留 3~4 个侧蔓,每侧蔓留 3 片叶打顶,以培育强大的根系。③生长前期增温保墒巧施肥。温室甜瓜生长发育前期尽可能不要浇水,主要提高地温,增强根系活力,促进根系向纵深发展。④为防止甜瓜发生萎蔫,坐果后应每隔 4~5 天喷 1 遍叶面肥。发生萎蔫后更应及时补充叶面肥,以增加叶片营养。同时,控制棚室内气温不超过 25℃。⑤发生萎蔫后应及时揭去地膜,并多次锄划,以加强根系呼吸作用,提高根部活力。同时,立即回苫遮阴,减少叶片蒸腾,并用绿风 95 或用高美施液肥 500~600 倍液灌根,增强根系能力或隔沟浇小水,以减轻萎蔫。

2. 化 瓜

(1) 危害症状 雌花开放后,子房因供给养分极少甚至得不到养分而黄化,2~3 天后开始萎缩,随后干枯或死掉。

(2) 发病原因 ①土壤瘠薄,温湿度不稳定,阴冷低温天气持续时间长,光照不足,光合作用下降,植株生长过弱导致雌花营养不良。②栽植过密,施入过量的氮肥,整枝摘心不及时,造成营养生长与生殖生长失衡。③结果期夜温高于 18℃,呼吸作用增强,导致徒长而容易发病。④室内温湿度变化剧烈,授粉不良,影响花粉发育和花粉管的伸长。

(3) 防治方法 ①采用高畦栽培,合理密植。按畦面宽 80 厘米,畦距 60 厘米,株距 35 厘米定植,每畦 2 行,每 667 米² 种植 2 000 株左右。②及时整枝摘心。甜瓜甩蔓时结合绑蔓进行整枝,采用单蔓整枝、子蔓结瓜法。瓜前留 1～2 片叶摘心,待植株长到 20～22 片叶时摘除顶端,以调节营养生长和生殖生长,增加通风透光能力。③人工辅助授粉或植物生长调节剂处理。开花期每天上午 8～10 时进行人工授粉,也可用 50 毫克/千克坐瓜灵处理雌花,坐果率可达 95% 以上。

3. 僵　瓜

(1)危害症状　雌花开放后子房开始膨大,当长至核桃大小时,生长发育停滞。果实明显小于该品种的正常瓜,外皮坚硬,成熟期延迟,失去商品价值。

(2)发病原因　①育苗期间偏施氮肥,磷、钾肥不足。②幼苗定植后浇水过勤,水量较大,植株营养生长加剧,果实因缺乏营养物质供应而生长停滞。③坐果节位较低,坐果后遇较长时间阴冷低温天气,营养物质运输受阻,外皮僵化。

(3)防治方法　12～15 节坐果,双蔓整枝在 11～12 节坐果为宜。合理追肥灌水。在茎蔓开始伸长时浇 1 次水,瓜坐住并长至核桃大小时再浇 1 次水,每 667 米² 随水追施氮磷复合肥 25～30 千克。

3. 扁平果

(1)危害症状　圆球形或近圆形果实的品种中发生果实横径明显大于纵径的现象。一般冬春茬设施栽培容易发生。

(2)发病原因　坐果节位偏低。低节位结实花开花较早,开花时温度和光照条件较差,功能叶数偏少,前期果实膨大速度慢,纵径发育不足。到了后期温度适宜,水分和养分充足,果实横径增长过快,故形成扁平果。

(3)防治方法　①适当提高坐果节位。②开花期应提高温度和增强光照,并注意保证水肥供应,不可控水太严。

4. 长形果

(1)危害症状　圆形或近圆形果实品种出现果实纵径明显大

于横径的果实的现象。多数并伴随着果肉较薄、含糖较低等品质问题。

(2)发病原因 坐果节位偏高,生长后期植株早衰或病害严重。高节位的结实花,前期由于功能叶多,条件适宜,纵径发育充分。而在果实发育后期,由于植株生长势衰弱、叶龄老化或发生较重叶部病害,营养供应不良,导致横径发育不好,形成长形果。膨大后期光合产物积累不足还可导致果实肉薄,含糖量低,风味淡。

(3)防治方法 ①适当降低坐果节位。②加强坐果后的肥水管理,防止植株早衰。③加强叶部病虫害防治,维持叶片功能。④整枝控制不能过度,全株始终保留1~2个生长点,令其不断形成新叶,防止叶系过早老化。

5.偏肩果

(1)危害症状 偏肩果俗称"歪嘴瓜",指果实一侧膨大不够,呈局部下陷或平直状的果实。严重时近地面一侧整个发育不良,果实呈"半瓢形",塌陷部位表皮茸毛弯曲、不褪。后期不能正常转色,果肉薄,质地劣。

(2)发病原因 ①授粉受精不良,导致一侧心皮内胚珠受精数极少,心室不能正常膨大。②果实膨大期地温太低,致使着地面果实细胞膨大缓慢。

(3)防治方法 ①改善授粉条件,保证授粉均匀、充分。②果实膨大期浇水不可大水漫灌,以防地温偏低。③及早垫瓜或翻(转)瓜,改善果实近地面部分发育的温光条件。

6.裂 果

(1)危害症状 在果实表面形成大的裂口,且裂口难以愈合,严重影响商品品质。

(2)发病原因 在果实膨大期遇低温或干旱,果皮提早硬化,进入成熟期,果皮停止发育,但由于后期浇水过大或降雨等原因,造成果实急剧吸水而膨大,导致果皮开裂,容易发生裂瓜。网纹甜瓜在网纹发生初期温度偏低而湿度偏大,果皮硬化慢,发生的网纹少而粗,随之而来的高夜温就会导致网纹裂口增大,从花端部开始向果实中部出现一道大裂口。

(3)防治方法 ①选用采前裂果少的品种。②果实生育后期多雨地区采取遮雨措施,加强排水。③控制果实膨大期以后的水分供应。④网纹甜瓜在网纹发生期要控制土壤水分,降低空气湿度,防止网纹发生中后期夜温过高。

7. 日灼果

(1)危害症状及发病原因 果实发育过程中,强烈的日光直射果面,使果面局部组织因高温脱水坏死,形成干缩的斑块。日灼严重的果实外皮干缩变成黄白,凹陷,整个果实失去食用价值。

(2)防治方法 ①合理整枝,保证单株叶面积,密度勿过稀。②瘠薄地加强肥水供应,坐果后随时注意用茎叶覆盖果实,膨瓜期防止干旱。

8. 发酵果

(1)危害症状 成熟果实内部果肉呈水渍状,肉质变软,有酒味并带异味,不堪食用。

(2)发病原因 发酵果发生率与品种有较大关系。一般早熟软肉型品种发生最严重,脱柄品种甚于不脱柄品种。除品种原因外,过熟采收或采收后在高温下存放时间过长,栽培过程中施氮肥过多,茎叶徒长,土壤缺钙,果实膨大期间缺水等都易导致此病。

(3)防治方法 ①选用肉质软化慢,不易发酵的品种。②适期采收,采后进行预冷处理,降低果实内部温度。③控制果实发育初期茎叶生长势和后期水分供应,采前及时停止灌水。

9. 白肉果

(1)危害症状 是指绿肉类品种,果皮无光泽,果肉发白,汁少,质粗,糖度低,口感差。

(2)发病原因 果实膨大期遇 30℃ 高温、强光照和土壤水分供应不足,以致植株出现短期萎蔫,发育中的果实发生脱水所致。

(3)防治方法 ①加强果实膨大期水分管理,高温、强光期间增加浇水次数,减少每次浇水量,保证土壤水分供应。②遇持续高温干旱天气,灌水不便时对果实适度遮阴。

10. 光头果

(1)危害症状 网纹甜瓜果面上不发生网纹或网纹稀少。

(2)发病原因 网纹甜瓜果实膨大过程中,果面硬化(开花后2周左右),开始形成网纹。最初迹象表现为表面出现裂痕,它是由表皮细胞分裂滞后于果实膨大而产生的,以后裂痕形成木栓化组织并隆起形成网纹。若果实表面硬化时间延迟,或果实膨大后果皮才硬化,则不能形成网纹或形成的网纹稀少。网纹的形成与栽培环境关系密切,膨瓜期温度高,空气湿度大,果皮不易硬化,易导致网纹形成不良。施肥过多、浇水过多、温度过高,则果皮不硬化,网纹不易形成。

(3)防治方法 ①保持植株正常生长,使其在适当节位(10节左右)结果。②开花后10～13天内节制浇水,降低温度和湿度,以促使果实表皮。③网纹形成期(开花后20天左右)适当浇水,给果实套袋(或用报纸等覆盖果实)、喷雾等,可促进果实膨大和网纹形成。但网纹形成后应控制浇水,否则会造成大的裂纹。④在形成网纹初期,用粗糙的毛巾浸上65%代森锌可湿性粉剂400～600倍液,或75%百菌清可湿性粉剂800倍液,稍用力擦拭果实,每5天1次,共擦2～3次,有利于促使形成的网纹美观。

二、侵染性病害

(一)真菌性病害

1. 猝倒病

(1)危害症状 幼苗未出土时可引起烂种,幼苗出土后幼茎与地面接触处呈水渍状,黄褐色斑,后缢缩成线状,幼苗猝倒。植株失水,子叶萎蔫死亡。在潮湿情况下,在病部及其周围土面常长出一层白色絮状物。严重时幼苗成片死亡。

(2)防治方法　①严格选择营养土,选用无病的新土。②施用充分腐熟的有机肥料。③加强苗期管理,做好苗床的保温排湿工作。如出苗后苗床过湿,可将细干土和草木灰以10∶1混合撒于床面(切勿撒在苗子上)。④药土盖种。整好苗床后,于播种前用72%霜脲•锰锌可湿性粉剂50克加细土40千克制成药土撒于床面,播种后再撒一层。然后覆盖0.5~1厘米厚的细土,或在播种前或播种后用95%噁霉灵原粉3 000倍液均匀喷洒于苗床内。⑤在发病初期,可选用77%氢氧化铜可湿性粉剂500倍液,或72%霜脲•锰锌可湿性粉剂600倍液,或15%噁霉灵水剂450倍液喷洒苗床。

2. 立枯病　立枯病为甜瓜苗期病害,分布较广,发生较普遍,一般病情较轻,多在温度较高的苗棚零星发生,造成局部死苗。

(1)危害症状　主要危害幼苗茎基部和根茎部。初在茎基部产生椭圆形或不规则形褐色坏死斑,逐渐向下凹陷,边缘明显,绕茎一周瓜苗即萎缩死亡。根茎染病,皮层组织变褐腐烂,地上部随病情发展萎蔫枯死。空气潮湿,病部表面产生不甚明显的灰褐色蛛丝状霉层,即病菌菌丝体。

(2)防治方法　①苗土选用无病新土,有条件的选用基质育苗。肥料充分腐熟,并注意施匀。②育苗土壤消毒,可在苗床喷洒72.2%霜霉威水剂600倍液,或72%霜脲•锰锌可湿性粉剂600倍液,或50%多菌灵可湿性粉剂600倍液,或69%烯酰•锰锌可湿性粉剂1 200倍液,或98%噁霉灵可湿性粉剂2 500倍液。③加强管理,底水浇足后适当控水,尤其是播种和刚分苗后,应注意适当控水和提高管理温度,切忌浇大水或漫灌。④应及时清除病苗和邻近病土,并配合药剂防治,可选用72%霜脲•锰锌可湿性粉剂 600 倍液,或 72.2％霜霉威水剂 600 倍液,或 69％烯酰·锰锌可湿性粉剂 800 倍液,或 72％霜脲·锰锌可湿性粉剂 600 倍液喷雾,随后可均匀撒干细土降低苗床湿度。施药后注意提高土壤温度。

3. 枯萎病 又称萎蔫病、蔓割病,是典型的土传病害。

(1)危害症状 整个生育期都可以发病,但以抽蔓期到结果期发病最重。苗期发病,茎基部变褐缢缩,子叶和幼叶发黄,严重时幼苗僵化、枯萎死亡。发病最多在植株开花至坐果期。发病初期植株表现为叶片从基部向顶部逐渐萎蔫,中午尤为明显,早晚可恢复,反复数日后,不能恢复原状,全株萎蔫死亡,茎基部萎缩。湿度大时,病部呈水渍状腐烂,表面常产生白色或粉红色霉状物。有的病株根部褐色腐朽,易拔起,皮层与木质部易剥离,其维管束变褐色。

(2)防治方法 ①与非瓜类作物实行 5 年以上轮作。②播前每 667 米^2 基施石灰 100 千克,以消灭病原菌。加强栽培管理,播前平整好土地,施入充分腐熟的有机肥作基肥,合理增施磷、钾肥,增强植株抗病性,严禁大水漫灌。③及时拔除中心病株深埋或销毁。并在病穴内及周围撒施石灰以控制其蔓延。④采用南瓜砧木或抗病甜瓜砧木进行嫁接栽培,嫁接苗对枯萎病的防效达 90％以上。⑤种子消毒。用 40％甲醛 150 倍液浸种 20～30 分钟,捞出后用清水冲洗干净,催芽播种。⑥采用营养钵育苗。可于播种前或播种后用 95％噁霉灵可湿性粉剂 3 000 倍液喷洒苗床。还可在定植时用双多悬浮剂(西瓜重茬剂)300 倍液灌穴。每穴灌药液 0.5 千克,对直播甜瓜在 5～6 片真叶时用双多悬浮剂 600 倍液灌根,每穴灌药液 0.5 千克。另外,发病初期可采用敌磺钠、苯菌灵、多菌灵 500～1 000 倍液灌根,或用 70％甲硫·福美双可湿性粉剂 2 000 倍液灌根,效果也很好。每隔 7～10 天 1 次,连灌 2～3 次,但一定要早防、早治,否则效果不明显。

4. 疫病

(1)危害症状 叶、茎、果均可被侵染。发病初期茎蔓部呈暗绿色水渍状,病部逐渐缢缩软腐,呈暗褐色,节变细,病部以上茎叶枯死。叶片染病初呈暗绿色水渍状圆形斑,扩展速度快,干燥时青枯,叶脆易破裂。果实染病,受害部软腐凹陷,潮湿时病部表面生出霉状物。

(2)防治方法 ①选用抗病品种。②加强棚内管理,采用高畦覆地膜栽培,加强通风排湿。③发现病株立即拔除并销毁。④发病初期选用72%霜脲·锰锌可湿性粉剂600倍液,或70%乙铝·锰锌可湿性粉剂500倍液,或64%噁霜·锰锌可湿性粉剂400倍液喷雾。每隔7～10天1次,连续2～3次。

5. 蔓枯病

(1)危害症状 主要危害主蔓和侧蔓。初期病症多在蔓节部,出现浅绿色油渍状斑,后病部龟裂,并分泌黄褐色胶状物,干燥后呈黑色块状。生长后期病部逐渐干枯、凹陷,呈灰白色,表面散生黑色小点。叶面感病后,初时出现在叶缘,并以叶脉为轴逐渐扩展,病叶呈干枯星状破裂。老病斑上生有小黑点。果实染病初期产生水渍状病斑,后中央变成褐色枯斑,呈星状开裂,引起果实腐烂。蔓枯病与枯萎病不同之处在于维管束不变色。不同甜瓜品种抗病性有明显差异。

(2)防治方法 ①选用抗病性强的品种如兰丰、兰翠等。②加强栽培管理,采用高畦种植,严禁大水漫灌,施入充分腐熟的有机肥。③合理密植,及时拔除病株并销毁。④发病初期可选用77%氢氧化铜可湿性粉剂600倍液,或60%琥铜·乙膦铝可湿性粉剂500倍液,全田喷洒,也可采用9281(主要成分是20%过氧乙酸)水剂4～5倍液或70%甲基硫菌灵可湿性粉剂3～4倍液加少许面粉调成糊状涂抹病蔓。

6. 炭疽病

(1) 危害症状 幼苗发病,子叶边缘出现褐色半圆形或圆形病斑,茎基部缢缩呈黑褐色,幼苗猝倒。成株期发病,叶片上初为黄色水渍状圆形病斑,扩大后变褐色,有时出现同心轮纹,干燥后易破碎。茎或叶柄上的病斑椭圆形,稍凹陷,上生许多黑色小斑点。果实染病,初为暗绿色水渍状小斑点,后扩大为凹陷的暗褐色圆形斑,常龟裂。湿度大时,病斑上渗出粉红色黏质,极严重时病斑连片,造成果实腐烂及全株枯死。

(2) 防治方法 ①选用无病种子或进行种子消毒,用 50℃～55℃的温水浸种 15～20 分钟,可杀死种子内外病菌,或用 40% 甲醛 100 倍液浸种 30 分钟,然后用清水洗净后播种。②及时清除田内外病残体,并深埋或销毁。③发病初期可选用 80% 福·福锌可湿性粉剂 800 倍液,或 80% 代森锰锌可湿性粉剂 600 倍液,或 77% 氢氧化铜可湿性粉剂 500 倍液全田喷洒。每 667 米² 温室大棚内可用 45% 百菌清烟剂 80 克,于傍晚置于棚内点燃密闭熏烟,翌日清晨通风,每 7 天 1 次,连续防治 2～3 次。

7. 霜霉病

(1) 危害症状 此病从幼苗到成株期均可发生,主要危害叶片。发病初期叶片上先出现水渍状黄色小斑点,病斑扩大后沿叶脉扩展呈多角形,后期病斑变成浅褐色或黄褐色多角形斑、规则形圆斑或半圆斑,潮湿条件下,叶背病斑上长有稀疏灰色霉层。病害由植株基部迅速向上蔓延,严重时病斑连成片,全株变黄。

(2) 防治方法 ①根据当地特点,选用适应性强的抗病品种。②科学合理施肥,施入充分腐熟的有机肥作基肥,培育无病壮苗。③采用高垄地膜覆盖、滴灌等节水栽培技术,适时通风排湿。④药剂防治。发病初期及时喷药,可选用 70% 乙铝·锰锌可湿性粉剂 500 倍液,或 72% 霜脲·锰锌可湿性粉剂 800 倍液,或 72.2% 霜霉威水剂 600 倍液全田喷施。在利用上述药剂基础上,还可加

1％糖醋液进行混合喷施,以提高药效,视病情每隔 7～10 天喷 1 次。每 667 米² 棚室内还可用 45％百菌清烟剂 200～300 克,于傍晚置于棚内点燃熏烟加以防治,翌日清晨通风,隔 7～10 天熏 1 次,或每 667 米² 选用 5％百菌清粉尘剂 1 千克,用喷粉器喷施。

8. 白粉病　白粉病又称白毛病,一般甜瓜生长后期危害最重。

(1)危害症状　发病初期,叶片上产生白色粉状小霉点,不久逐渐扩大成一片白粉层,以后蔓延到叶背、叶柄和蔓上,嫩果实上后期白粉层变灰白色并出现黑色小点。病叶枯焦发脆。

(2)防治方法　①农业防治。白粉病在高温高湿和高温干旱交替出现时发病重,因此在栽培过程中应注意通风透光,降低棚内湿度,及时灌水,防止干旱。②采用配方施肥,增施磷、钾肥,培育壮苗,以增强抗病力。③药剂防治。苗期发病可选用 42％粉必清(有效成分为多菌灵和硫磺粉)悬浮剂 1 000 倍液,或 40％硫磺•多菌灵悬浮剂 500 倍液,成株期发病可选用 15％三唑酮可湿性粉剂 1 500 倍液,或 70％甲基硫菌灵可湿性粉剂 600 倍液,全田喷施。视病情每隔 7～10 天 1 次,连喷 2～3 次。

9. 叶枯病　叶枯病是近年来在温室甜瓜生产中发展起来的一种重要病害,该病发病快,发展迅速,危害严重。

(1)危害症状　该病可危害叶片、叶柄、瓜蔓及果实,以叶片为主。真叶染病,病斑为褐色小点,逐渐扩大呈圆形斑,直径 2.5 毫米左右,边缘隆起,病健部交界明显。轮纹不明显,中央为白色,外围为褪绿的褐色晕圈。发病后期几个病斑汇合成大斑,不久叶片干枯。果实染病,病菌可侵入果内,引起果腐。

(2)防治方法　①种子处理。种子可在 55℃温水中浸种 10 分钟,或用 40％甲醛溶液 300 倍液浸种 2 小时,清水洗净后催芽、播种。②轮作倒茬,不与葫芦科作物连作。③加强管理。棚内应加强通风排湿,田间病残体应深埋或销毁。④药剂防治。发病初期应及时喷药,可选用50%腐霉利可湿性粉剂1500倍液,或50%异菌脲可湿性粉剂1500倍液,或58%甲霜·锰锌可湿性粉剂500倍液,全田喷施。视病情每隔7~10天喷1次,连续喷3~4次。

(二)细菌性病害

1. 细菌性果腐病

(1) **危害症状** 发病果实表面最初出现褐色油渍状斑点,病斑逐渐扩大,剖开病果可见从果皮经果肉到瓜瓤逐渐扩大的褐色腐烂。随着病情加重,最终导致整个果实腐烂,病瓜后期散发恶臭气味。

(2) **防治方法** ①把好种子关,最大限度地减少初侵染来源。采种时要辨别病瓜,先把病瓜挑出来集中处理,避免从病瓜中采种。②种子处理:用1%~2%盐酸溶液浸泡15分钟,然后用水冲洗干净,再进行催芽。③苗期管理。播种前用0.5%次氯酸钠溶液消毒所有育苗钵和苗床。发现有病株拔除,并注意棚室通风降低湿度。喷施含铜制剂。每株嫁接时都要用70%酒精消毒手和嫁接用器械,防止手接触病株未消毒又接触健康植株而造成人为传播病菌。④果实套袋隔离病菌。⑤生长期发病施用铜制剂,如氢氧化铜、春雷·王铜等。国外试验表明,铜制剂混用代森锰锌可以增强铜制剂的杀菌效果。

2. 细菌性角斑病

(1) **危害症状** 甜瓜全生育期均能发病,主要危害叶片,也可危害茎蔓及果实。叶片病斑圆形至多角形、水渍状、灰白色,后期中间变薄,穿孔脱落。病斑背面常有菌脓溢出,干后呈薄膜、发亮。蔓茎果实上的病斑初为水渍状、圆形或卵圆形,稍凹陷,绿褐色。有时合成大斑,呈黑褐色,皮层腐烂。严重时,内部组织腐烂,有时裂开。病菌可扩展到种子上,使种子带菌。

(2) **防治方法** ①与非葫芦科作物实行2年以上的轮作。②选无病瓜留种,并于播种前进行种子消毒,消毒方法是用55℃

的温水浸种 20 分钟，或次氯酸钙 300 倍液＋"云大-120"1 500 倍液浸种 30～60 分钟，捞出后用清水洗净，或用硫酸链霉素或新植霉素＋"云大-120"500 倍液浸种 2 小时，捞出催芽播种。③及时清除病叶、病蔓并深埋，及时追肥，合理浇水，对温棚瓜要加强通风降湿管理。④发病初期喷施"天达 2116"800 倍液＋"天达诺杀"1 000倍液，或 77％硫酸铜钙可湿性粉剂 800 倍液，或 77％氢氧化铜可湿性粉剂 600 倍液，或 50％琥胶肥酸铜可湿性粉剂 500 倍液，或 60％琥铜·乙膦铝可湿性粉剂 500 倍液，或 72％硫酸链霉素可溶性粉剂 4 000 倍液等。

3. 细菌性叶枯病

(1)危害症状　主要侵染叶片，在甜瓜的整个生育期均可发病。叶片上初现圆形小水渍状褪绿斑，逐渐扩大呈近圆形或多角形的褐色斑，直径 1～2 毫米，周围具褪绿晕圈。病叶背面不易见到菌脓，别于细菌性角斑病。

据菜农反映，该病主要危害叶片，甜瓜的叶片自下而上发病，新叶出来不久就染病，前期从叶片正面迎着太阳看，能够看到小黄点，严重后正面会产生黄斑，没几天叶片就枯黄蔓延迅速。

(2)防治方法　①进行种子检疫，防止该病传播蔓延。②种子处理及药剂防治。温汤浸种，用 50℃温水浸种 20 分钟；用新植霉素 200 毫克/千克药液浸种 1 小时，或用 40％甲醛 150 倍液浸种 1.5 小时后洗净催芽。③选百菌清或嘧菌酯混加中生菌素或宁南霉素，可以预防多种病害，尤其是细菌性病害。可以每隔 10～15 天喷洒 1 次。

4. 细菌性萎蔫病　甜瓜萎蔫病又称细菌性枯萎病、细菌性软腐病、青枯病。

(1)危害症状　主要危害维管束。最初从整枝打杈的伤口处感染发病，在瓜蔓上产生绕茎一周的水渍状暗绿色软腐斑，病部很快扩大，病组织开始软化、变褐，逐渐软腐。病部发臭，有白色菌脓流出,菌脓流到任何部位均能引起软腐。3～6节瓜蔓最易发病,发病后,病部以上萎蔫、干枯,横切瓜蔓,可见维管束变褐。叶片被害时,出现水渍状不规则病斑,并向四周扩大,叶片腐烂。果实发病时,从瓜蒂处侵染引起整个果实软腐。另一症状为病菌从植株上部瓜蔓伤口感染,最初外表症状不明显,病菌在茎秆髓部上下扩展,造成瓜蔓软腐。

(2)防治方法 ①种子消毒。从无病瓜上选留种,瓜种可用70℃恒温干热灭菌72小时或50℃温水浸种20分钟,捞出晾干后催芽播种。还可用次氯酸钙300倍液,浸种30～60分钟或40%甲醛150倍液浸种1.5小时,或用100万单位硫酸链霉素500倍液浸2小时,冲洗干净后催芽播种。②农业措施。与非瓜类作物实行2年以上轮作,加强田间管理,生长期及收获后清除病叶,及时深埋。施用腐熟有机肥,采用配方施肥技术减少化肥施用量。③药剂防治。发病初期喷洒77%氢氧化铜可湿性粉剂500倍液,或14%络氨铜水剂300倍液,或47%春雷·王铜可湿性粉剂700倍液,也可用100万单位的医用硫酸链霉素对水稀释后,配成200毫克/升的药液,喷2～3次有效。

(三)病毒病

1. 甜瓜花叶病毒病

(1)危害症状 甜瓜感染病毒后表现的症状,常因当时的环境条件(如温度、光照、营养)、病毒株系不同、甜瓜品种及植株的生育阶段不同而发生较大变化,常表现为花叶型、黄化皱缩型及复合侵染型。花叶型植株生长发育弱,影响产量,而黄化皱缩和混合侵染型常常造成植株死亡,甚至绝收。

(2)防治方法 ①加强栽培管理。施足基肥,增施磷、钾肥,培育壮苗,提高植株抗病力。②种子处理。可用55℃的温水浸种30分钟或用10%磷酸三钠溶液浸种20分钟,然后清水冲洗催芽播种,或用70℃恒温72小时干热消毒法处理种子。③消灭蚜虫。

可选用 10％吡虫啉可湿性粉剂 1 500～2 000 倍液,或 25％抗蚜威粉剂 3 000 倍液,或 1.8％阿维菌素乳油 3 000 倍液喷洒全田,或每 667 米² 用灭蚜烟剂 350～400 克于傍晚置于大棚点燃熏烟,翌日清晨通风用以杀灭蚜虫。④药剂防治。发病初期可选用 20％吗胍·乙酸铜可湿性粉剂 500 倍液,或 1.5％烷醇·硫酸铜乳剂 1 000 倍液,或抗病威(植物双效助壮素)600 倍液加叶康 500 倍液喷洒全田防治。每隔 7～10 天 1 次,连续防治 3～4 次。

2. 甜瓜坏死斑点病

(1)危害症状 甜瓜坏死斑点病引起叶片产生许多坏死斑点,随着病害加剧,叶片中的小斑点中间扩大形成不规则大的坏死斑块,蔓上也出现坏死条斑,严重影响果实产量和品质。

(2)防治方法 种子于 70℃条件下热处理 144 小时,能有效去除甜瓜种子携带的甜瓜坏死斑点病毒(MNSV),且不影响种子萌发;用 10％磷酸三钠处理种子 3 小时,或用 0.1 摩/升盐酸处理种子 30 分钟,均能获得很好的防治效果,但种子发芽率下降到 75％。栽培时清洁田园、起高垄、夏季高温闷棚等措施也可以减轻该病的发生。从长远来看,需要培育抗病毒品种和研制弱毒株来实现抗病毒的目的。

3. 瓜类褪绿黄化病毒病

(1)危害症状 瓜类褪绿黄化病典型的表现是叶片出现褪绿,开始呈现黄化后,仍能看见保持绿色的组织,直至全叶黄化。叶脉不黄化,仍为绿色。通常中下部叶片感染,向上发展,新叶常无症状。

(2)防治方法 ①培育抗病毒品种,是最根本的防治途径。②重点控制传毒介体,设法阻隔或减少烟粉虱数量,尽量减少可能的带毒植物。采用 60 目防虫网,检查整个大棚有无破损处,发现破损及时缝补。用黄板诱集烟粉虱,每 667 米² 需 20 张。③土地休闲。有条件的地方,在春季收获后与秋季种植之间休闲 8～10

周。④清洁田园。种植前清理棚内及周边的各种植物残渣、杂草等。⑤诱导植株抗性。可以采用苯并噻二唑200倍液诱导植株产生抗性。也建议采用腐殖酸肥料提高植株抗病性。⑥如果病株出现早,建议拔除。⑦生物防治。若有条件,释放丽蚜小蜂,如可用中国农业科学院蔬菜花卉研究所的蜂卡进行生物防治。⑧化学防治。苗期采用25%噻虫嗪水分散粒剂2500倍液灌根处理。其他时期可选用螺甲螨酯、蚊蝇醚、烯啶虫胺、呋虫胺、灭蝇胺、噻嗪酮、啶虫脒等药剂防治。应参照使用说明选择合适浓度。

4. 甜瓜黄化斑点病

(1)危害症状 新生叶片出现明脉、褪绿斑点,随后出现坏死斑,叶片变黄,邻近斑点融合形成大的坏死斑点,使植株叶片呈现黄色坏死斑。叶片下卷,似萎蔫状,若病毒在甜瓜生长早期侵染,果实出现颜色不均的花脸样。果实品质下降,风味变差。

(2)防治方法 ①植物检疫。无病区加强检疫,减少蓟马随植物材料的调运而传播病毒。②在休耕期必须要消除大棚或温室附近的杂草。此外,也可以清除和处理病株,消灭越冬寄主上的虫源,减少毒源。③物理防治。防虫网是防治蓟马最简单有效的措施,防虫网可以阻止蓟马进入温室或大棚,减少蓟马借助风力在寄主间进行短距离迁移。由于蓝色对蓟马最有吸引力,因此可在温室或大棚内悬挂蓝色黏板。此外,种植诱饵植物也是防治蓟马的方法,在委内瑞拉种植诱虫作物如黄瓜和黑大豆,被认为是防治蓟马成本较低的好方法。④化学防治。由于蓟马获毒后需经一定时间才传毒,因此发现蓟马后应及时使用杀虫剂治虫从而达到防病的效果。可喷施2.5%多杀霉素悬浮剂1000倍液,或10%虫螨腈悬浮剂1000倍液,或0.3%苦参碱水剂1000倍液,或18%杀虫双水剂300倍液,或48%毒死蜱乳油1000倍液,或1.8%阿维菌素乳油2500倍液等喷雾防治。隔5~7天防治1次,连喷2~3次。此外,生物源农药25%除虫菊素乳油和0.3%印楝素乳油对蓟马也有较好的防效。

三、主要虫害

（一）蚜　虫

1. 危害症状　蚜虫隐藏在叶片背面、嫩茎及生长点周围，以刺吸式口器吸食作物汁液，使叶片卷缩、提早干枯、死亡，导致甜瓜品质、产量下降。蚜虫还是甜瓜病毒病的传播介体，应及时防治。瓜蚜繁殖力极强，每头成蚜一生可产若蚜 60～70 头。

2. 防治方法　①黄板诱杀。蚜虫对黄色有趋向性，可采用涂有黏着剂的黄板诱杀蚜虫。②驱避蚜虫。蚜虫对银灰色有忌避性，使用银灰色地膜栽培或悬挂银灰色地膜，有驱避蚜虫的作用。③天敌扑杀。人工饲养或捕捉草蛉、瓢虫等天敌，在菜田内释放，是克服蚜虫抗药性和避免环境污染最有效的措施。④燃放烟剂。适合在保护地内防蚜，每 667 米² 用 10％杀瓜蚜烟雾剂 0.5 千克，或用 10％氰戊菊酯烟雾剂 0.5 千克，把烟雾剂均分成 4～5 堆，摆放在田埂上，傍晚覆盖草苫后用暗火点燃，人退出温室，关好门，次日早晨通风后再进入温室。⑤用 10％吡虫啉可湿性粉剂 2 000 倍液，或 2.5％高效氯氟氰菊酯乳油 3 000 倍液，或 21％氰戊•马拉松（增效）乳油 6 000 倍液，或 40％氰戊菊酯乳油 6 000 倍液，或 20％甲氰菊酯乳油 2 000 倍液，或 2.5％联苯菊酯乳油 3 000 倍液喷雾。

（二）白 粉 虱

1. 危害症状　白粉虱是保护地栽培中的一种极为普遍的害虫，几乎可以危害所有蔬菜，以成虫和若虫吸食植物汁液，被害叶片褪绿、变黄、萎蔫，甚至全株死亡。此外，尚能分泌大量蜜露，污染叶片和果实，导致霉污病的发生，造成减产并降低蔬菜商品价值。白粉虱亦可传播病毒病。温室白粉虱在我国北方冬季野外条件下不能存活,通常要在温室作物上继续繁殖危害,无滞育或休眠现象,在温室条件下一年可发生10余代。在北方由于温室和露地蔬菜生产紧密衔接和相互交替,可使白粉虱周年发生。

2. 防治方法　对白粉虱的防治应以农业防治为基础,加强栽培管理,培育出"无虫苗"为主要措施,合理使用化学农药,积极开展生物防治和物理防治。①农业防治。温室要尽量彻底清除前茬作物的残株、杂草,并带出室外处理。随后对温室进行熏蒸灭虫,力争做到定植温室干净,通风口设防虫网阻虫。生产期间打下的枝杈、枯黄老叶,应带出室外处理。②黄色对白粉虱成虫有强烈诱集作用,在温室内设置黄板(1米×0.17米纤维板或硬纸板,涂成橙黄色,再涂上1层黏油),每667米^{2}用32~34块,诱杀成虫效果显著。③药剂防治。用10%噻唑酮乳油1 000倍液,对粉虱有特效;或用25%灭螨猛乳油1 000倍液,对粉虱成虫、卵和若虫皆有效。用20%吡虫啉可溶性液剂4 000倍液,或10%吡虫啉每667米^{2}用有效成分2克,或2.5%联苯菊酯乳油3 000倍液,或20%甲氰菊酯乳油2 000倍液,可杀死成虫、若虫、假蛹。

(三)美洲斑潜蝇

1. 危害症状　美洲斑潜蝇特点为杂食性、危害大、分布广、传播快、防治难。成虫吸食叶片汁液,造成近圆形刻点状凹陷。幼虫在叶片的上下表皮之间蛀食,造成弯弯曲曲的隧道,隧道相互交叉,逐渐连成一片,导致叶片光合能力锐减,过早脱落或枯死。

2. 防治方法　①清洁田园,把被美洲斑潜蝇危害作物的残体集中深埋、沤肥或烧毁。②用灭蝇纸诱杀成虫。在成虫始盛期至盛末期,每667米^{2}设置15个诱杀点,每个点放置1张诱蝇纸诱杀成虫,每隔3~4天更换1次。③药剂防治。防治幼虫,要抓住瓜类蔬菜子叶期和1片真叶期以及幼虫食叶初期,叶上虫体长约1毫米时喷药。防治成虫,宜在早上或傍晚成虫大量出现时喷药。

重点喷田边植株和中下部叶片。生长期间,喷洒48%毒死蜱乳油1 000倍液,毒杀老熟幼虫和蛹。目前,较好的药剂是微生物杀虫剂阿维菌素,具有胃毒和触杀作用,主要有1.8%、0.9%、0.3%乳剂3种剂型,使用浓度分别为3 000倍液、1 500倍液和500倍液。每隔7天喷1次,共喷2～4次。

(四)红叶螨

又称朱砂叶螨,俗称红蜘蛛。

1. 危害症状　红叶螨是世界性分布的害螨,以幼虫和成虫在瓜等叶片背面刺吸汁液,发生多时叶片苍白,生长萎缩,是温室和大棚栽培的重要害虫。危害初期,叶片正面出现若干针眼般枯白小点,以后小点增多,以致整个叶片枯黄,在叶片背面可看到许多小红点,即为叶螨虫体。

2. 防治方法　①清除越冬寄主杂草,必要时对环境虫源进行药剂防治,以压低越冬基数。②药剂防治。可用1.8%阿维菌素乳油2 000倍液,或10%浏阳霉素乳油2 000倍液,或选用20%双甲脒乳油、5%氟虫脲乳油、5%噻螨酮乳油、50%苯丁锡可湿性粉剂各1 000～2 000倍液,或73%炔螨特乳油2 000～2 500倍液,或10%联苯菊酯乳油2 000～5 000倍液,或0.2%～0.3%石硫合剂等喷雾防治,但一定要严格控制在采收前半个月使用。初期发现中心虫株要重点剿灭,并经常注意更换农药品种,防止产生抗性。

(五)蓟　马

有黄蓟马(又名瓜蓟马、瓜亮蓟马)、烟蓟马(又名葱蓟马、棉蓟马)和棕榈蓟马(又名棕黄蓟马)等,均属缨翅目,蓟马科。

1. 危害症状　成虫、若虫锉吸瓜类植株的心叶、嫩芽、幼果的汁液,使被害植株嫩芽、嫩叶卷缩,心叶不能张开。瓜类植株生长点被害后,常失去光泽,皱缩变黑,不能再抽蔓,甚至死苗。幼瓜受害出现畸形,表面常留有黑褐色疙瘩,瓜形萎缩,严重时造成落果。

成瓜受害后,瓜皮粗糙有斑痕,茸毛极少,或带有褐色波纹,或整个瓜皮布满"锈皮",呈畸形。

2. 防治方法 ①农业防治。清除杂草,加强肥水管理,使植物生长旺盛,可减轻危害。②药剂防治。在蓟马发生时期及时喷药,常用的药剂有20％吡虫啉可溶性液剂4 000倍液,或20％异丙威乳油500倍液,或40％乙酰甲胺磷乳油1 000倍液,或50％辛硫磷乳油1 000倍液,或50％杀螟丹可溶性粉剂1 000倍液等。

(六)根结线虫

1. 危害症状 主要危害植株根部或须根。根部受害后产生大小不等的瘤状根结,剖开根结感病部位会有很多细小的乳白色线虫埋藏其中。地上植株会因发病致使生长衰弱,中午时分有不同程度的萎蔫现象,并逐渐枯黄。由于根部组织内发生生理生化反应,使水分和养分的运输受阻,致使上部叶片黄化,类似营养不足的症状,有的植株叶片瘦小、皱缩,开花不良,导致减产严重。

2. 防治方法 ①无虫土育苗。选大田土或没有病虫的土壤与不带病残体的腐熟有机肥以6∶4的比例混匀,每立方米营养土加入100毫升1.8％阿维菌素乳油混匀用于育苗。②棚室高温、石灰氮、水淹土壤灭菌。甜瓜拉秧后的夏季,土壤深翻40～50厘米,每667米² 混入生石灰200千克,随即加入松化物质秸秆500千克,挖沟浇大水漫灌后覆盖棚膜高温闷棚,或铺施地膜盖严压实。15天后可深翻地再次大水漫灌闷棚持续20～30天,可有效降低线虫病的危害。处理后的土壤,栽培前注意增施磷、钾肥和生物菌肥。③药剂处理土壤。在施用基肥、翻地整平地面后,按每667米² 用1.8％阿维菌素乳油400～500毫升,将其与25千克细沙土拌匀,然后均匀撒布地面,浅翻8～12厘米,再搂平。播种或定植时,按每667米² 用保得土壤接种剂80～100克,掺细土25千克,撒入定植穴或沟内。定植后用80％敌敌畏乳油800～1 000倍液,每穴(株)用250毫升。或每667米²用10%噻唑磷颗粒剂1.5~2千克,拌细土40~50千克,在施肥整地后,均匀撒施地表,深翻15~20厘米。也可以将药土直接撒入定植沟或定植穴内,与土混匀后立即定植。防效可达90%,持效期7.5个月。此法可维持短期栽培一茬不受线虫危害。

[1]　刘海河,张彦萍．甜瓜优良品种及无公害栽培技术[M].北京:中国农业出版社,2010.

[2]　中国园艺学会西瓜甜瓜专业委员会．中国西瓜甜瓜[M].北京:中国农业出版社,2000.

[3]　马德伟,刘明锵．迎春甜瓜日光温室、大棚优质丰产栽培技术[J].中国西瓜甜瓜,2000.

[4]　蒋有条,王坚,吴明珠．大棚温室西瓜甜瓜栽培技术[M].北京:金盾出版社,2008.

[5]　李金堂．西瓜甜瓜病虫害防治图谱[M].济南:山东科学技术出版社,2010.

[6]　林德佩．西瓜甜瓜优良品种与良种繁育技术[M].北京:中国农业出版社,1993.

[7]　徐顺成．西瓜·甜瓜病虫害防治彩色图册[M].长沙:湖南科学技术出版社,1991.

[8]　羊杏平．反季节西瓜甜瓜栽培技术[M].南京:江苏科技出版社,2008.

[9]　刘海河,张彦萍．西瓜、甜瓜安全优质高效栽培技术[M].北京:化学工业出版社,2011.

[10]　刘雪兰．设施甜瓜优质高效栽培技术[M].北京:中国农业出版社,2010.

[11]　邓德江．西瓜甜瓜优质高效栽培新技术[M].北京:中国农业出版社,2007.